Erd-Heilen

Eine Kooperation mit den subtilen Kräften der Erde

*Der allererste Frieden, und gleichzeitig der wichtigste, ist
derjenige, der sich im zutiefst Inneren der Menschen
ausbreitet, wenn sie ihre Beziehung und Einheit mit dem
Universum und all seinen Energien entdecken;
dann entdecken sie,
dass im Zentrum des Universums der Grosse Geist weilt,
und dass sein Zentrum in Wirklichkeit überall ist,
es ist deshalb auch in jedem von uns.*

Black Elk, Oglala Sioux

Daniel Perret – ERD-HEILEN

Ich möchte hier meinen Dank richten an:
Sitting Bull, die Mitglieder des Think Tanks* ‚C',
und Bob Moore für ihre Impulse, an Marie Perret für
unseren gemeinsamen Weg und unsere
Diskussionen sowie an Ute Otto für das Korrigieren
meines Manuskripts.

*) think tank : Wissensgremium, Ideenfabrik, Denkuniversität

© 2018 Daniel Perret, 2. Auflage 2019
Edition: BoD - Books on Demand GmbH
12/14 rond-point des Champs Elysées
75008 Paris, France
Druck: Books on Demand GmbH
Norderstedt, Deutschland

Dépôt légal Août 2018
ISBN 9782322122264

Daniel Perret – ERD-HEILEN

Ich hatte einen Albtraum. Ich sah tote Seen. Ein See brannte wegen seiner Verschmutzung. Flüsse waren meterhoch mit weissem Schaum bedeckt, Wasserflächen dienten als Ablagestelle für gebrauchte Maschinen und Abfall aller Art, nicht filtrierte Abwässer von Apartmenthäusern flossen direkt in ein Gewässer. Ich sah Kinder mit Sauerstoffmasken in Spitälern wegen der Luftverschmutzung, Kinder, die zuhause Mund- und Nasenmasken tragen um sich vor der Luftverschmutzung zu schützen suchen. Ich sah Städte, die tagelang wegen Smog das Sonnenlicht nicht erblickten und diesen alten Mann, der im Hafen am Meer aus Gewohnheit weiterhin fischte, obwohl gleich nebenan Lastwagen die unsortierten Abfälle der Stadt direkt ins Meer schütteten.

Es war kein Traum, es sind Ausschnitte aus Reportagen im Fernsehen. Ich hätte dies nie für möglich gehalten. Keinem Tier würde es einfallen sein eigenes Nest derart zu verschmutzen wie wir Menschen es tun. In derselben Reportage wurde gesagt, dass jährlich Millionen Menschen wegen der Umweltverschmutzung umkommen. Geldgier, Ignoranz und gedankenlose Dummheit.

In meiner Heimatstadt konnte ich in meiner Jugendzeit von der Quaibrücke hinunter in die Limmat schauen ohne jemals den Grund zu sehen. Dann wurden anfangs 60er Jahre rund um den Zürichsee die Kläranlagen für die Seegemeinden obligatorisch. Heute, und dies schon seit vielen Jahren, sieht man den Grund wieder durch das klare Wasser hindurch. Der Wille einer Gemeinschaft kann alles ändern, auch scheinbar hoffnungslose Situationen.

4

INHALTSVERZEICHNIS

‚Heilig' sind
Orte und Handlungen, die dem Göttlichen und der
Schöpfung gewidmet sind.

‚Heilung' ist ein
Vorgang, der es dem Betreffenden ermöglicht das
Heilige ins Zentrum seines Lebens zu rücken.

Energie weist uns den Weg

Vorwort

Manch ein gestörtes Gleichgewicht entsteht durch Unkenntnis und den sich daraus ergebenden falschen Prioritäten.

Als Zivilisation sind wir in eine ganze Reihe ernsthafter Sackgassen geraten aus denen wir kaum herauszufinden wissen.

Das unvorstellbare Ausmass der Umweltverschmutzung von Luft, Wasser und Erde, hat enorm viel Leiden verursacht und dies nicht nur bei Menschen und Tieren. Zahlreiche Dokumentarfilme und Berichte zeugen davon. Möglicherweise ist Leiden ein wesentlicher Motor der Evolution. Angesichts der extrem langsamen Lernfähigkeit der Menschheit dürfte sich, meiner Ansicht nach, dieses Leiden noch verstärken.

Unsere Unkenntnis betrifft auch die unsichtbare Dimension der Welt und ihr Leiden. Das ist tragischer, denn über das Unsichtbare lassen sich schwer Dokumentarfilme drehen.

Wir beginnen zu erahnen, dass alles zusammenhängt, als wären wir alle ein Teil eines einzigen alles umfassenden Systems. Es handelt sich nicht um ´Um-Welt´ sondern um unser aller Zuhause. Dies ist meine Überzeugung: Ohne alle fühlenden Wesen in diesem Zuhause mit einzubeziehen, gibt es keinen Frieden, kein Wohlbefinden, keine Heilung der ‚Umweltprobleme'. Wen umfasst der Begriff ‚fühlende Wesen'? Gibt es unsichtbare fühlende Wesen?

Mit diesem Buch versuche ich ein umfassenderes Bewusstsein aller beteiligten Wesen zu erlangen. Ich gebe einen Einblick in die Existenz und Funktionsweise dieses unsichtbaren aber wesentlichen Teils unseres gemeinsamen Systems. Die Photos in diesem Buch versuchen das Unsichtbare, wenn nicht direkt sichtbar, so doch wenigsten verständlich zu machen.

Wir können unter Ökologie nicht nur dasjenige verstehen, was uns passt, denn Harmonie ist das respektvolle Zusammenleben aller Beteiligten, seien sie sichtbar oder unsichtbar.

Erd-Heilen ist eine Kooperation zwischen allen Beteiligten. Wissen, Weisheit und die erforderlichen Technologien gibt es, um unsere Probleme zu lösen, davon bin ich überzeugt. Die unsichtbaren Wesen dürften dazu noch einige Überraschungen bereithalten. Doch ist die Änderung unserer Einstellungen erforderlich, denn wir werden keine Geistwesen finden, die dauernd hinter uns herlaufen, um wie Eltern die Unordnung ‚der Kinder' wieder instand zu setzen.

Erd-Heilen beginnt mit uns selbst, denn wahrnehmen können wir nur was unser persönlicher Horizont zulässt. Wer einen gesunden Kontakt zu seiner eigenen Energie, seinem eigenen Körper hat (insb. den drei unteren Chakras), dem würde nie einfallen Tiere, Menschen, Insekten, Pflanzen, Bäume oder die Erde zu quälen oder zu schädigen.

Erd-Heilen bedingt somit die Änderung unserer Einstellungen, und damit auch unserer Einkaufs- und Konsumgewohnheiten. Ich möchte letzteres hier nicht vernachlässigt wissen, obwohl es nicht der Gegenstand dieses Buches ist.

Es ist spannend zu beobachten wie Wissenschaftler, von ihrer physisch-materiellen Seite her kommend, in die Nähe der energetisch-subtilen Beobachtungen herankommen. So z.B. Biologie-Professor Stefano Marcos Buch ‚Die Intelligenz der Pflanzen', in dem er von gut 20 verschiedenen Sinnen der Pflanzen berichtet und wie sie miteinander kommunizieren. Er hat entdeckt, dass ihre Kommunikation, wenn sie nicht über die Wurzeln, so dann über Düfte erfolge. Damit ist er schon fast beim energetisch-unsichtbaren Bereich angelangt. Von allen auf ‚westlichem' Denken fussenden Wissenschaften ist es wohl die Quantenphysik, die am weitesten in den energetischen Bereich vorgestossen ist. Andere, wie die Neurowissenschaften, zögern noch vom physischen Gehirn loszulassen und das mentale Energiefeld in ihre Forschungen mit einzubeziehen, obwohl sie ohne dieses Verständnis an eine Glasdecke stossen.

„Energie zeigt uns den Weg" - Energie lehrt uns

Um das Unsichtbare zu erforschen haben wir einen mächtigen Helfer: Das ist die Energie. Das Wahrnehmen von Energiestrukturen und -bewegungen ist ein objektiver Lehrer. Seit Jahren beobachtete ich Energiesäulen unterschiedlicher Grösse in der Natur. Meine Neugier, herauszufinden, was diese waren hat zu diesem Buch geführt. Energie ist ‚die Sprache der Götter', d.h. der unsichtbaren Geistwesen. Ihr Energie-Alphabet sind: Punkte, Linien, Kolonnen, Kreise, Quadrate, Dreiecke. Dieses Alphabet können wir entziffern lernen. Die Interpretation der beobachteten Energiephänomene beruht auf unserer Erfahrung und der Klarheit unserer Motivation. Hinter dem Wort ‚Energie' stehen Weisheit, Wissen und ein tiefer Respekt. Dahinter steht auch die ganze unsichtbare Dimension des Lebens inklusive Naturgeistwesen und Geistwesen des göttlichen Feldes.

Ich komme vom spirituelle Heilen her und der Wahrnehmung von Energie. Spirituelles Heilen versucht jegliche Problematik zuerst auf ihren spirituellen Kontext und Ursprung hin zu verstehen. Die Lösungen mancher Probleme sind auf jener Ebene in Kooperation mit Lichtwesen zu finden: Engelwesen,

Geistführer, Naturgeistwesen im weitesten Sinn. In dem, was wir spirituelle Geomantie nennen können, liegt der Schwerpunkt auf der Erforschung der Energien und Geistwesen der Landschaft: Landschaftsengel, Naturgeistwesen, die grossen Elementarwesen. Fehlt der spirituelle Ansatz, so nimmt leicht die Tendenz überhand nur Probleme und krankmachende, düstere Einflüsse zu sehen. Aus der geistigen Sicht der spirituellen Ebenen gibt es weder Schlechtes noch Gutes. Es gibt einfach Phänomene und ihre Konsequenzen. Die Natur, Energie, die Erde, die unsichtbaren Wesen oder unsere Zivilisation sind keine generellen Bedrohungen. Beim spirituellen Heilen durchdringen die höheren Frequenzen der Liebe, des Lichts und der Wahrheit, die tieferen Frequenzen der Angst und der Unwissenheit. Sie lösen diese auf.

Wir können uns selbst allerdings nicht aus der Gleichung wegdenken, denn es ist ja nicht bloss Unwissen, das zu Umweltverschmutzung geführt hat. Da ist auch Habgier, Ignoranz und Herzlosigkeit. Mittlerweile weiss man ziemlich genau, wie die Millionen Toten der Umweltverschmutzung verhindert werden können und wie diese Verschmutzung rückgängig gemacht werden kann. Doch das können nicht eine Regierung oder einige Menschen allein vollbringen. Es bedarf einer kollektiven Handlung, eines kollektiven Erwachens.

In meinem Vorgehen werde ich begleitet von verschiedenen Lichtwesen. Das ist womöglich eine Herausforderung für viele Leser, wie es auch eine für mich war. Diejenigen Geistwesen, die ich C nenne, sind eine Art Think Tank, ein Wissensgremium und eine Ideenfabrik (siehe Anhang). Zusammen mit C erkunden wir was hinter den sichtbaren Phänomenen vor sich geht. Dieses Buch wäre ohne sie undenkbar. Viele der hier vorgestellten Zusammenhänge stammen nicht aus Büchern, sondern von C. Seit über 30 Jahren studiere und unterrichte ich spirituelles Heilen und Energie. Meine Erfahrungen stützen sich im Wesentlichen auf das, was ich von meinem Lehrer Bob Moore gelernt habe. All diesen Wesen gilt hier mein unendlicher Dank. Sie zeigen uns neue Wege der Erd-Heilung.

Meine Begegnung mit der Energie der Schwarzen Jungfrau und Madonna war für dieses Buch ausschlaggebend. Sie wird auch Erdgöttin genannt oder Dea Mater, die Demeter der Griechen.

Musik und die subtile Wirkung von Klängen begleiten mich als Musiker und Komponist. Sie erinnern mich immer an das harmonische Gefüge des Ganzen. Ist ein Teil davon, ein Wesen in Not, entsteht ein Missklang, eine Störung in der Harmonie. Wie in einem grossen Orchester sind wir alle verbunden. Musik, wie alle authentischen, fein empfundenen Kunst- oder Ausdrucksformen, schafft die Brücke zu den spirituellen Dimensionen. Sie befruchten und beleben einander in wunderbarer Weise.

Heilung bedeutet ‚Ganz' werden.

Denke global, handle lokal

Erd-Heilen beginnt deshalb bei uns selbst.

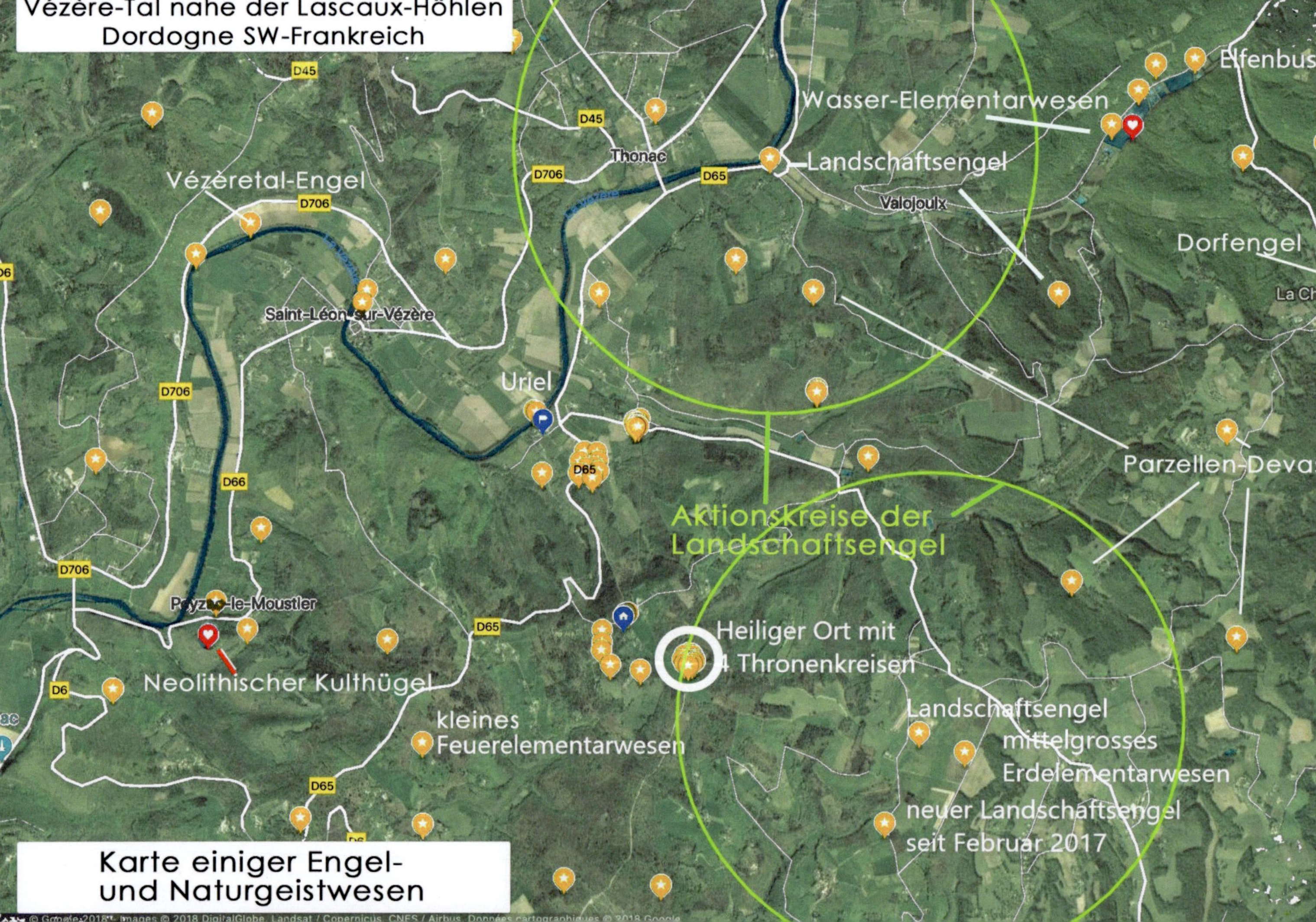

Vézère-Tal nahe der Lascaux-Höhlen
Dordogne SW-Frankreich
Karte einiger Engel- und Naturgeistwesen
Vézéretal-Engel
Wasser-Elementarwesen
Landschaftsengel
Elfenbusch
Dorfengel
Valojoulx
La Ch
Thonae
Saint-Léon-sur-Vézère
Uriel
Parzellen-Devas
Aktionskreise der Landschaftsengel
Heiliger Ort mit 4 Thronenkreisen
Pryz-le-Moustier
Neolithischer Kulthügel
kleines Feuerelementarwesen
Landschaftsengel mittelgrosses Erdelementarwesen
neuer Landschaftsengel seit Februar 2017
D45
D706
D66
D65
D6

Einleitung

Jim Enote, ein Mitglied des Zuni-Stammes im Süd-Westen der USA erklärt, wie Map-Art, die Kunst-Kartographie der Zuni, die unsichtbaren Dimensionen und Geschichten ihrer Landschaft in Symbolen und Gemälden erzählt. Diese Map-Art schafft die Verbindung der Menschen mit ihrer Umgebung und zeigt eine Möglichkeit, Sinn, Leben und Natur wieder zu versöhnen.
(Foto: Emergence Magazine, Mai 2018)

Indem wir die sakrale Dimension unserer Landschaft wieder integrieren, werden wir zu ihrem mitverant-wortlichen Teil.

Die unsichtbaren Dimensionen sind es, die unsere Land-schaften erschaffen und funktionsfähig erhalten. Dies zu verstehen, erlaubt uns die Schönheit der Schöpfung, ihr weises und empfindliches Gleichgewicht besser zu begreifen, zu schätzen und zu achten. Die sich daraus ergebende ehrerbietende Haltung ermöglicht uns dieser Schöpfung zu dienen und mit ihren Wesen eine fruchtbare Kooperation anzustreben. Die gegen Ende des Buches beschriebene Fernheilungstätigkeit ist ohne die ersten Kapitel in seiner Tragweite nur schwer verständlich.

Die sakrale Dimension in unseren Landschaften besteht aus Kraftorten, heiligen und magischen Orten an denen

16

Elementarwesen, Devas, Landschaftsengel auf uns warten,
die Undine einer Quelle weilt, Kraft- oder Energielinien sich
kreuzen, Elfen sich in ihrem Elfenbusch treffen, Fuchs und Hase
sich gute Nacht sagen. Es sind Orte an denen sich Menschen
von heute und gestern dem Göttlichen nahe fühlen. Was
Märchen und Mythen über die Zeit hinweg gerettet haben,
scheint der Wirklichkeit näher zu liegen, als alles, was viele
Schulbücher uns sagen.

Die heutige Ausgangslage
in einigen Blitzlichtern aus der Tagespresse

5. April 2018, im *The Independent*: Das oberste Gericht
Kolumbiens erklärt den Amazonaswald als ein Wesen mit
Anspruch auf Rechte. Es befiehlt der Regierung dringende
Massnahmen zu dessen Schutz vorzunehmen.

20. März 2018 im *Le Monde*: Wir sind konfrontiert mit einem
Zusammenbruch, der heute auf allen Stufen die natürliche
Biodiversität der landwirtschaftlichen Landschaften betrifft:
Insekten, mitunter die Schmetterlinge und die Pollinisatoren,
die natürliche Flora (von den Landwirten ungewollte Pflanzen,
die oft als Unkraut angesehen werden) sowie die Vögel. Dies
zu einer Zeit, in der wir wie nie zuvor grosse Mengen Geld und
Investitionen für die Schaffung neuer umweltfreundlicher
Normen und die Hilfe an die biologische Landwirtschaft
einsetzen. Wir sind sprachlos.

Frühjahr 2018: Das ‚The Earth Law Center' und die 'River
Ethiope Trust Foundation (RETFON)' haben eine Initiative
gestartet um dem Fluss 'Ethiope' in Nigeria legale Rechte zu
geben. Sollte diese Initiative erfolgreich sein, wäre der Ethiope
Fluss der erste Wasserweg in Afrika, der den Status einer
lebenden Entität bekäme. Unter den angestrebten Rechten
für den Ethiope Fluss wäre das Recht frei von Umweltver-

schmutzung zu sein, der Wiederherstellung, der eingeborenen Biodiversität, etc. Der Fluss hätte ebenfalls das Recht als Kläger vor Gericht aufzutreten. Zudem würden ihm einer oder mehrere Wächter zugeteilt, die die Rechte des Flusses verteidigen würden.

Massive Abnahme der Zahl der Insekten

Im Herbst 2017 haben deutsche und englische Forscher, unter der Führung von Caspar Hallmann (Universität Radboud, Holland) zum ersten Mal den massiven Niedergang der Nicht-Wirbeltiere in Zahlen erfassen können, der seit Anfang der 1990er Jahre im Gang ist: laut ihrer Arbeiten, im Oktober in der Zeitschrift *Plos One*, hat die Anzahl fliegender Insekten auf dem deutschen Territorium um 75 – 80 % abgenommen.

20. März 2018 *Le Monde* :
Tiefgreifende Verschlechterung der Umwelt

Das zur Zeit zu beobachtete Verschwinden der Wiesenvögel ist nur der sichtbare Teil einer viel tiefgreifenden Verschlechterung der Umwelt. „Es gibt weniger Insekten, doch gibt es auch weniger Wildpflanzen und damit Samen, die eine der Haupternährungsquellen vieler Vogelarten sind, bemerkt Frédéric Jiguet, Biologieprofessor der Bewahrung am Museum und Koordinator des Beobachtungs-Netzwerkes STOC. Dass es den Vögeln schlecht geht, weist darauf hin, dass es der gesamten Ernährungskette schlecht geht. Und dies schliesst die Mikrofauna der Böden mit ein, d.h. die diese lebendig macht und die landwirtschaftlichen Tätigkeiten ermöglicht.“

20. März 2018 *Le Monde*
Ein Drittel der Vögel ist in 15 Jahren aus den ländlichen Gebieten Frankreichs verschwunden

"Eine ökologische Katastrophe." Gemäss zweier getrennter Studien des CNRS und des Nationalen Museums für Naturgeschichte, und in *Le Monde* publiziert, wurde die Bevölkerung der Vögel in den letzten 15 Jahren (alle Vogelarten) um einen Drittel vermindert, *"ein massives Verschwinden"* beschleunigt seit 2008-2009. Grund dafür sind, gemäss diesen Wissenschaftlern: die Intensivierung der landwirtschaftlichen Methoden, insbesondere die Zunahme der Verwendung von neonikotinoiden Insektenvernichtungsmittel für den Weizen, hat dramatische Konsequenzen für die Insektenbevölkerung, von denen sich wiederum Perlhuhn und Lerchen ernähren… ebenso die Amsel oder die Turtel- und Ringeltauben. Dieses Verschwinden scheint sich sogar zu beschleunigen.

23. März 2018 Le Monde
Das Plastikmeer im Pazifischen Ozean erreicht dreimal die Grösse Frankreichs.

Bis heute haben folgende Länder Gesetze erlassen, die der Natur rechtlichen Schutz als ‚lebendes Wesen' gewähren: Neu Seeland, Indien, Ecuador, Bolivien und nun womöglich auch Australien.

2008 war Ecuador das erste Land, das in seiner Verfassung die Rechte der Natur verankerte.

1. April 2018, The Guardian, Internationale Edition
Die internationale Bewegung der Rechte der Natur konzentriert sich auf die Sichtweise der westlichen Rechtssysteme, die die Natur bis dahin als Eigentum betrachteten und diesen Teil der lebenden Welt für das Rechtssystem unsichtbar machte. Die Bewegung benutzt zu diesem Zweck westliche rechtliche Konstrukte, wie 'Persönlichkeit' und auf Rechte basierende Ansätze, damit der Status der Natur von Eigentum zu einem Rechtssubjekt wechselt und die Natur geschützt werden kann.

Neu Seeland gewährte dem Waldgebiet von Te Uruwera 2014 das Recht einer moralischen Person. Dem folgten 2017 der Whaganui Fluss und der Mount Taranaki. Ein indisches Gericht gewährte dem Ganges und dem Yamuna Fluss 2017 die Rechte einer moralischen Person, den Whanganui Fall zitierend. Bald darauf war es Kolumbien, das dem Atrato Fluss dieselben Rechte zugestand.

Der Rechtsakt zum Schutz des Yarra Flusses (Wilip-gin Birrarung murron) von 2017 gewährt dem Fluss inhärenten Rechte und menschliche Werte und bekräftigt damit, dass der Fluss und die Ländereien ein lebendes und integriertes System sind. In ihrer Ansprache vor dem Parlament, sagte die Wurundjeri Älteste Alice Kolasa: "Der Staat erkennt nun an, was wir als Urbevölkerung immer schon wussten, dass der Birrarung Fluss eine integriertes lebendes Wesen ist." Der Rechtsakt erkennt « die inhärenten Beziehung zwischen den traditionellen Besitzern und dem Yarra Fluss und seiner Landschaft » an sowie ihre Rolle « als Wächter des Landes und der Wassersysteme, die sie Birrarung nennen ».

Jane Gleeson-White

7.5.2018 Helmholtz-Zentrum für Umweltforschung (UFZ) in Leipzig: 90% der Plastikabfälle in den Ozeanen stammen von 10 Flüssen, hauptsächlich in Asien.

18.3.2019 Ein Wal stirbt in den Philippinen den Hungertod mit 40 kg Plastikabfällen in seinem Magen. *Le Sud-Ouest*

Die Liste verlängert sich jeden Tag. Warum häufen sich all diese Probleme gerade jetzt? Es ist, als erlebten wir das Ende einer Logik, einer Denkweise. Umdenken und ein grundlegendes neues Verständnis sind gefragt.

Sollten den meisten Umweltproblemen Angst und Gier zugrunde liegen, was wir oberflächlich als Egoismus bezeichnen, so ist das Problem nicht zu lösen, es sei denn Angst und Gier werden verstanden und dauerhaft transformiert. Das grundlegende Problem ist Angst, denn auch Gier entsteht aus der Angst heraus nicht genug zu haben. Angst bleibt bestehen solange wir die Grundgesetze des Lebens nicht verstanden haben: alles hängt zusammen, alles ist aus Liebe entstanden, Mangel entsteht aus Kurzsichtigkeit und falschen Prioritäten.

Doch wie lässt sich Angst beseitigen?

Wenn wir spirituelle Heilung studieren, entdecken wir, dass das Beseitigen von physischen Problemen allein selten dauerhafte Lösungen bringt, solange darunter tiefer liegende Problembereiche nicht angesprochen werden. Denn diese rufen immer wieder dieselben physischen Probleme hervor, solange sie nicht verstanden und gelöst werden. Dauerhafte Heilung erfolgt erst unter Einbezug der spirituellen Ebene, d.h. ein Verstehen der zeitlosen Prioritäten.

Beim Studium der menschlichen Energie erkennen wir, dass Angst in der Magengegend lokalisiert ist. Genauer gesagt handelt es sich um die Grundeigenschaft des Solar Plexus Chakras, auch Sonnengeflecht genannt. [4] Der instinktive Teil des Sonnengeflecht-Chakras veranlasst uns Grenzen, Mauern um uns herum zu errichten.

Die Transformation der emotionalen Denkstruktur, ich nenne sie ‚Solar Plexus Mentalität', gelingt erst durch ‚Liebe und tiefes Verstehen'. Dabei geht es um das Verstehen der Zusammenhänge und Gründe des menschlichen Handelns und Denkens. Liebe kennt keine Grenzen, keine Trennung. Liebe ist grosszügig, weitherzig. So ist es nicht möglich zu sagen: „Ich liebe mein Kind mehr als meinen Hund, eine Katze mehr als einen Baum, eine Blume mehr als einen Fluss." Diese Unterschiede kennt Liebe nicht. Sonst ist es Berechnung und oberflächliche Liebe. Diese Erkenntnis führt uns ins Herz, in die Grosszügigkeit und Grossherzigkeit, zu Mitgefühl und verbindet uns mit dem göttlichen Energiefeld, mit allen Wesen, ob sichtbar oder unsichtbar.

Ich frage mich natürlich, was es nützt hier über unsichtbare Naturgeistwesen und Engel zu schreiben, wenn die Prioritäten politisch nicht anders gesetzt werden. Der Umfang der Probleme und die Suche nach stabilerer Harmonie und nach Frieden wird uns jedoch zwingen auch die anderen fühlenden Wesen in unser Denken einzubeziehen. Denn sie besitzen ein enormes Wissen, wie die Natur funktioniert und wie sie wieder in ein Gleichgewicht gebracht werden kann. Ich bin überzeugt, dass Wesen in der unsichtbaren Dimension auch alle Technologien und Vorgehensweisen kennen, die uns bei der Lösung unserer Umweltprobleme helfen können. Über die politischen Prozesse zu schreiben sind andere kompetenter als ich.

Die rein materialistische Denkweise genügt hier nicht mehr. Das zeigen mir unter anderem all die Interviews und Interaktionen mit den unsichtbaren Wesen, die ich in diesem Buch zu Wort kommen lasse.

Irgendwann werden die Staaten, aber auch wir als Individuen, durch schmerzliche Erfahrungen gezwungen werden, die Prioritäten anders zu setzen. Geld ist genug vorhanden. Doch solange das Geld in Rüstung und Luxusgüter geht, sind Trinkwasserversorgung, Luftverschmutzung, Plastik in den

Ozeanen, Aussterben von Tierarten, Verschwinden der Bienen keine Prioritäten. Ist Schmerz ein Motor der Evolution?

Meine Informationsquellen

Wo ich nichts anderes schreibe, ist C meine Informationsquelle, das Kollegium von Geistwesen. Dies ist vor allem dann der Fall, wenn das Gesagte Erstaunen auszulösen vermag und vielleicht nie zuvor gehört wurde. Sie haben praktisch zu all meinen Fragen eine präzise Antwort. Sie haben mich auch auf Fährten gesandt, die ich überprüfen konnte, so die Entdeckung der äusseren Schichten der Energiefelder bei Mensch, Tier und Pflanze: z.B. das planetarische Feld und das kosmische Feld (S. 28 ff). C ist ein Think Tank von Geistwesen mit dem ich zusammenarbeite, siehe Anhang.

Mit Hilfe der Hartmann-Antenne (S. 220) hat mir C einen Einblick in die energetische Archäologie gegeben, indem sie auf Google Maps mich energetische Spuren von alten heiligen Stätten finden lassen.

Ich benutze ab und zu Wikipedia und ähnliche Quellen vom Internet für Definitionen.

Im Wesentlichen lese ich kaum Bücher zu den hier beschriebenen Themen. Dazu gibt es wenige Ausnahmen, so die ausgezeichneten Flensburger Hefte mit ihren Interviews mit Naturgeistwesen. Die Buchquellen sind im Text mit kleinen Nummern angegeben und im Anhang aufgeführt.

Die Verwendung von Dialogen mit Geistwesen setzt voraus, dass wir genügend Klarheit in uns erworben haben, um den Unterschied zu erkennen zwischen wirklichen Antworten und den von unseren Ego-Emotionen verursachten Projektionen. Gute Absichten genügen hier nicht.

Kapitel 1

Parallele Welten - ein einziges System

*Güte zu allen fühlenden Wesen im Universum zu schicken,
wünschend, dass sie alle wohlauf und glücklich sein mögen.*
(buddhistische Sprechweise)

Das System, an dem wir teilhaben, ist unvorstellbar komplex
und reich. Geistige Offenheit unsererseits hilft die Teile des
Systems kennenzulernen. Ein grosser Teil ist für unsere übliche
Wahrnehmung nicht direkt zugänglich, sehr oft bedingt durch
unsere Art zu denken. Die Zeiten ändern sich seit anfangs des
neuen Jahrhunderts und dies sehr schnell. Nicht zuletzt ist es
die Wissenschaft, die sich stark verändert z.B. die Quanten-
ysik. Wir öffnen uns auch dem östlichen, tibetanisch
buddhistischen Wissenschaftsansatz, der komplementär zu
unserem ‚westlichen' Ansatz ist, indem er z.B. die Wirkung des
Beobachters auf das Beobachtete sowie die Dimension des
Geistigen und Spirituellen mit einbezieht.

Das Universum bringt uns in letzter Zeit grundlegende
Veränderungen, die uns den ‚unsichtbaren' Dimensionen
näher bringen. Neue Welten öffnen sich uns. Zum Teil sind es
parallele Welten, die mit anderen Wahrnehmungsarten
beobachtbar werden. Als fühlende Wesen sind wir alle
miteinander verbunden. Das, was einem Wesen widerfährt,
wirkt sich auf alle aus. Alle Teile des Systems beeinflussen sich
gegenseitig. Unsere Wahrnehmung der Zusammenhänge

24

bestimmt den Grad unseres Verstehens. Erd-Heilung ist
deshalb ein Ziel, das alle fühlenden Wesen umfasst.
Doch was sind ‚fühlende Wesen'?

1.1.   **Eine Gemeinschaft fühlender Wesen**

Sind z.B. Flüsse und Berge wirklich fühlende Wesen? Oder sind
es die Geistwesen, die dazugehören? Was könnten die
Aufgaben solcher Geistwesen sein? Wer sind sie? Ich finde bei
Flüssen sehr grosse Wasser-Elementarwesen, die sich um das
ganze Zuflusssystem kümmern und dies mit Hilfe einer grossen
Anzahl kleinerer Wasser-Elementarwesen. (Siehe S. 63 ff)

Zu den fühlenden Wesen gehören u.a.: Tiere, Seelen von nicht
inkarnierten oder gestorbenen Menschen, Naturgeistwesen,
Devas, Dagdas, die Erdgöttin oder Schwarze Madonna,
Elementarwesen, Insekten, Engelwesen, Geistwesen der
magischen und der mythischen Welt, und viele mehr, die uns
z.T. noch unbekannt sind.

Hierzu eine Aussage von C, die mir zu denken gibt:
*Engelwesen, ET's, ein Teil der intrusiven, unseren freien Willen
nicht respektierende Geistwesen, seien keine eigentlich
fühlenden Wesen.*

Demnach sind auch gefallene Engel nicht fühlende Wesen.
Das muss Engel aber nicht davon abhalten viele andere
spirituellen Qualitäten zu haben wie z.B. Pflichtbewusstsein,
Loyalität oder Geduld.

In der östlichen Philosophie ist Empfindungsfähigkeit eine
metaphysische Qualität aller Dinge, die Respekt und
Zuwendung erfordert. Metaphysisch bezieht sich dabei auf
eine Wirklichkeit, die jenseits der Wahrnehmung durch unsere
üblichen fünf Sinne existiert. (Übersetzung vom englischen
Wikipedia, DP)

Hier ein Definitionsversuch: Ein fühlendes Wesen, in dem hier besprochenen Sinn, muss alle 18 folgenden Kriterien erfüllen. Im Wesentlichen kann ein fühlendes Wesen Schmerz und Ungerechtigkeiten empfinden. Es kann sich erinnern. Dies heisst, dass eine Disharmonie solange bestehen bleibt, bis die Harmonie wieder hergestellt und damit irgendwie geheilt wird. Heilen wird hier gleichgesetzt mit der Wiederherstellung einer ganzheitlichen Harmonie, eines respektvollen Zusammenlebens der fühlenden Wesen eines Systems. Ich beginne die Aufzählung mit den für die Erdheilung wichtigsten Kriterien. Sie geben uns eine Idee, wie nahe uns alle fühlenden Wesen eigentlich sind. Das erste Kriterium ist in unserem Zusammenhang grundlegend.

Ein fühlendes Wesen

1. kann **empfinden, fühlen**. Eine Pflanze z.B. kann sehr wohl fühlen, wenn sie verletzt wird oder jemand sich ihr gegenüber mit schlechten Absichten nähert. Doch geht ihr ein Selbstbewusstsein, in unserem Sinne, ab. Dieses wird ihr aber in Gemeinschaft mit ihren Elementarwesen gewissermassen zugeordnet. Als Geschöpf der Erdmutter kann jedes fühlende Wesen Liebe wahrnehmen und in einem gewissen Ausmass auch ausstrahlen. Allen gemeinsam ist das Bestreben eigene Schmerzen zu vermeiden.

2. kann **sich erinnern**. Es besitzt eine Art Gedächtnis. Da das Gedächtnis im Ätherkörper beheimatet ist und alle fühlenden Wesen einen solchen besitzen, ist dies unschwer zu verstehen.

3. hat ein **Selbstbewusstsein**. Das heisst nicht unbedingt, dass es ein Ich-Bewusstsein und eine Individualität besitzt wie wir Menschen. Es ist sich jedoch bewusst, dass es ein eigenständiges Wesen ist und sich unterscheidet von einem gleichartigen Wesen.

4. kann **kommunizieren,** sich ausdrücken, Signale geben. Wir mögen seine Signale noch nicht verstehen oder wahrnehmen, doch andere Wesen können dies und können manchmal als Übersetzer wirken.

5. kann **wahrnehmen** (hat kognitive Fähigkeiten). Seine Wahrnehmungsfähigkeit mag auf einige wenige Wahrnehmungsarten spezialisiert sein (Hitze, Abwesenheit von Sauerstoff z.B., etc.). Fühlende Wesen können Schmerz wahrnehmen sowie vermutlich alles, was ihrer Aufgabe im Wege steht: physische wie energetische Hindernisse, die Präsenz anderer Wesen und bis zu einem gewissen Grad auch deren Absicht.

6. ist **Teil einer Gemeinschaft**. Alle fühlenden Wesen sind Teil einer grossen Gemeinschaft. Doch fühlende Wesen sind auch Teil einer Gemeinschaft von gleichartigen Wesen und oft auch von lokalen komplementären Wesen. Sie können kooperieren, sich schützen und sich gegenüber Artgenossen abgrenzen.

7. ist **in eine Hierarchie eingebettet**, hat einen Vorgesetzten oder Mentor.

8. hat eine **Verbindung zur göttlichen Dimension**, insbesondere zum Licht im metaphysischen Sinn.

9. hat **eine Aufgabe**, im Sinne einer Funktion im Ökosystem, die einer Gemeinschaft von Wesen dient, im engeren oder weiteren Sinne.

10. kann **sich entwickeln**. Es hat demnach eine eigene Evolution. Kann Entscheidungen fällen, wählen, sich orientieren, unterscheiden. Dies ist meine Überzeugung: alle Wesen haben eine spirituelle Aufgabe oder Funktion und können sich in einem tieferen Sinne weiterentwickeln. Das ist die Treibkraft der Evolution.

11. ist **einmalig** und hat eine Identität (also ist nicht eine Art Klon). In dem Sinn ist es unterscheidbar von gleichartigen Wesen.
12. hat ein **eigenes Energiefeld.** Selbst, wenn wir es nicht sehen können, ist es als Energiefeld wahrnehmbar. Aus eigener Erfahrung weiss ich, dass z.B. die Erdgöttin sich als wahrnehmbare Energiestruktur manifestieren kann, wie ebenfalls eine Deva oder ein Dagda das können.
13. lebt möglicherweise in einer **anderen Welt oder Dimension.** Wir müssen davon ausgehen, dass es parallele Welten gibt, und dass eine Welt nicht unbedingt die anderen wahrnimmt. Wir Menschen haben uns bestens darin geübt nur an das zu glauben, was wir sehen.
14. wurde ‚**geboren**', geschaffen
15. hat demnach ‚**Eltern**' oder ein Schöpferwesen
16. kann sich schützen oder **abgrenzen**
17. kann sich **vermehren**, fortpflanzen
18. kann **sterben**, aufhören zu existieren

Ein Fluss oder ein Berg mag an sich kein Wesen im oben beschriebenen Sinn sein, wohl aber ein fühlendes Wesen bei sich haben, das sich um ihn kümmert. Wir müssen hier unser Konzept erweitern und für uns unsichtbare Wesen miteinbeziehen. Seit kurzem haben die australischen und indischen Parlamente einigen Flüssen und Bergen eine juristische Persönlichkeit verliehen. In ihrem Namen kann nun jemand bei einem Gericht Klage erstellen z.B. wegen Verschmutzung.

Das Verständnis, was ein fühlendes Wesen ist, ist zentral in meinem Ansatz, eine globale Harmonie und ein respektvolles Zusammenleben zu ermöglichen. Es ist ebenfalls ein zentrales Anliegen für das Verständnis der Rechte der Tiere, weil wir dadurch erkennen, dass diese Wesen Leiden und Freuden erfahren können.

1.2. **unsere Energiefelder**

Es ist lehrreich, sich über unsere eigenen Energiefelder Gedanken zu machen. Sie zeigen uns, wie sehr wir mit allem verbunden sind. Deren Komplexität mag uns erstaunen. Wenn wir uns zuerst den äusseren Schichten unserer Aura zuwenden, so erkennen wir, dass wir jederzeit unseren Kontakt zum Universum mit uns und zwar in einer Energieschicht, die ca. 90 m von unserer Hautoberfläche beginnt und von einer Drittperson z.B. ohne weiteres festgestellt werden und deren Entfernung gemessen werden kann. Die nächst innere Schicht enthält unseren Kontakt zur Erdatmosphäre, und was sie an Erinnerungen und aktuellem Zeitgeschehen enthält. Diese Schicht ist ,nur' 9 m von unserer Hautoberfläche entfernt und erstreckt sich bis 90m. Alle Schichten reichen auch unter unsere Füsse, also tief in den Erdboden hinein. Wir sind damit auch immer mit der Mutter Erde verbunden und dies viel weitreichender, als wir es wohl vermuten.

Die beiden folgenden Schichten enthalten die Schnittstelle zu unserer zeitlosen Seele. Wir können die Welt der Seelen als eine parallele Welt, unseren ,Himmel', auffassen. Ebenso können wir unsere Energiehüllen als Schnittstellen zu spezifischen parallelen Welten ansehen. Dann wäre ,parallel' die Bezeichnung anderer Teile unseres Ökosystems, die üblicherweise für uns nicht direkt wahrnehmbar sind.

Zwischen der dicken schwarzen Linie und der nächstfolgenden dunkelgrauen Linie (nächste Seite) befindet sich unsere Verbindung zu den Tierkreiszeichen, wie das Universum über die Astrologie und die Bewegungen der Planeten auf uns wirkt. Ich kann im Rahmen dieses Buches nicht näher auf die Funktion der einzelnen Auraschichten eingehen, doch wollte ich auch auf diese Weise zeigen, wie sehr wir mit allem auf vielfältige Weise verbunden sind. [4, 5, 6, 17]

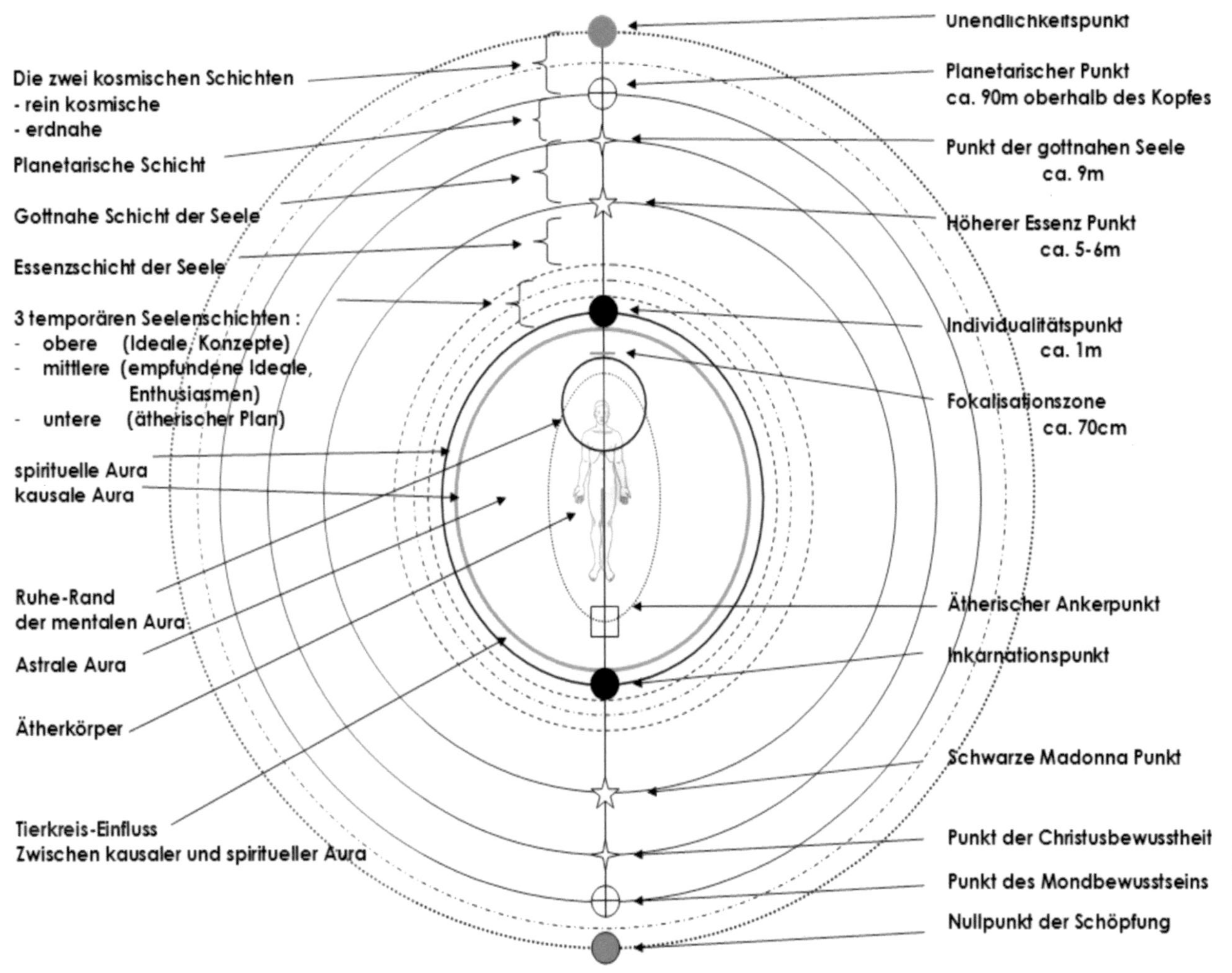

Unendlichkeitspunkt
Planetarischer Punkt ca. 90m oberhalb des Kopfes
Punkt der gottnahen Seele ca. 9m
Höherer Essenz Punkt ca. 5-6m
Individualitätspunkt ca. 1m
Fokalisationszone ca. 70cm
Ätherischer Ankerpunkt
Inkarnationspunkt
Schwarze Madonna Punkt
Punkt der Christusbewusstheit
Punkt des Mondbewusstseins
Nullpunkt der Schöpfung
Die zwei kosmischen Schichten
- rein kosmische
- erdnahe
Planetarische Schicht
Gottnahe Schicht der Seele
Essenzschicht der Seele
3 temporären Seelenschichten :
- obere (Ideale, Konzepte)
- mittlere (empfundene Ideale, Enthusiasmen)
- untere (ätherischer Plan)
spirituelle Aura
kausale Aura
Ruhe-Rand der mentalen Aura
Astrale Aura
Ätherkörper
Tierkreis-Einfluss Zwischen kausaler und spiritueller Aura

Ich bin überzeugt, dass wir mit dem Verständnis unserer Energiehüllen auch lernen werden wie Gebete, Fernheilung und Meditationen zum Erd-Heilen wirken. Die Quantenphysik führt uns seit Jahren vor Augen, wie kleinste gepaarte Partikel über sehr weite Distanzen miteinander verbunden bleiben und reagieren, wenn dem anderen Schwesterpartikel etwas zustösst.

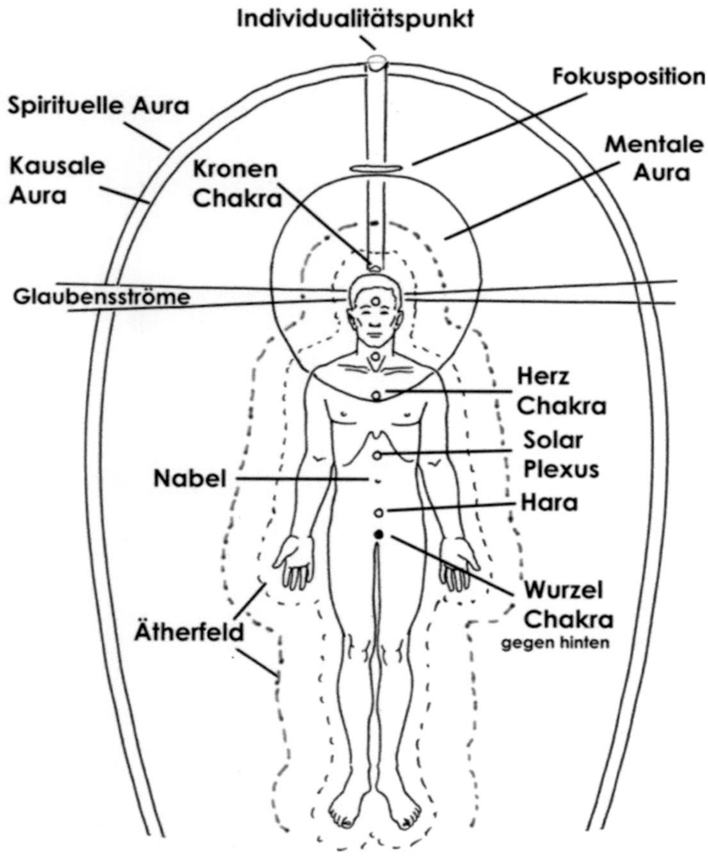

Abbildung: **Die innere Aura**

Unser Ätherkörper allein ist ein Wunder der Schöpfung und sehr komplex. Mein Lehrer Bob Moore sagte zum Wärmeäther: *„Der Reflektoräther oder Wärmeäther enthält alle Gefühle zwischen den Menschen, das Gedächtnis, das Wissen und die Weisheit der Welt, dies umfasst das physische Gedächtnis wie auch die Intuition. …Im energetischen Kontakt zum Wärmeäther habt ihr alles Notwendige: den Frieden, die Zufriedenheit mit euch selbst, die Verbindung zum Universum, zum Licht. Ihr findet darin, das was von diesem Licht stammt und in unseren Körper eingeführt wird unter Mithilfe des chemischen Äthers. Schliesslich findet man im Wärmeäther das Gleichgewicht des*

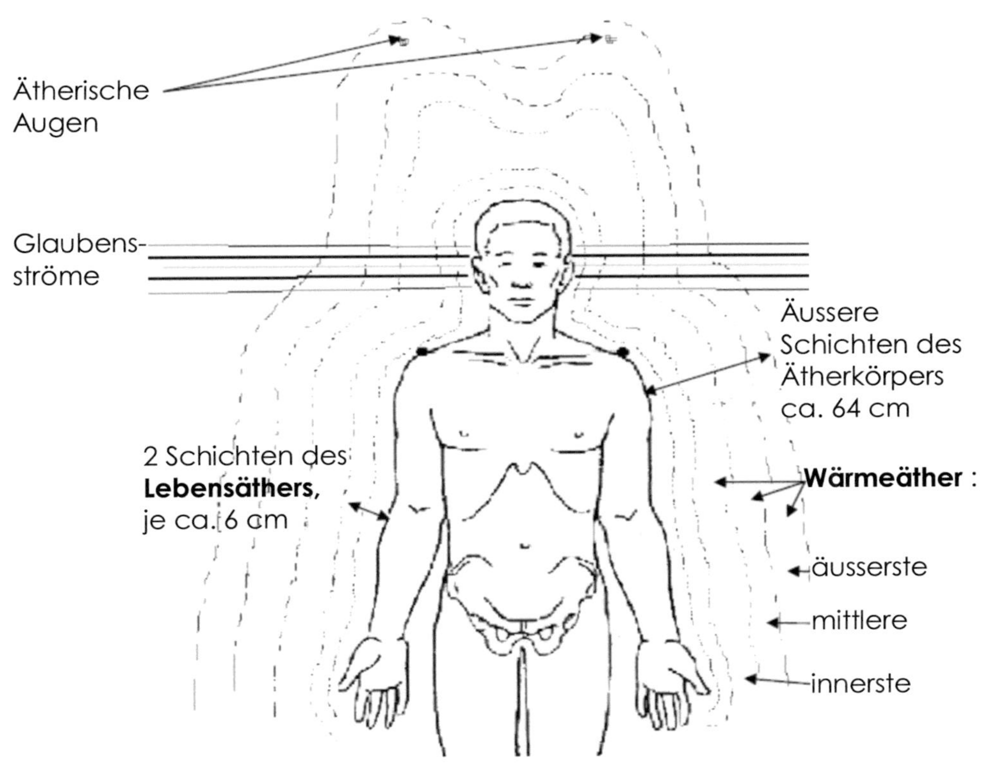

Lebens, das sich im Gleichgewicht zwischen der Natur und euch spiegelt. Der Reflektoräther ist eine Kombination von all dem, doch im Wesentlichen zentriert um den Frieden."

1.3. **Energiefelder einer Pflanze**

Bild: Ätherisches Feld das die Pflanze umgibt: Wärmeäther, Lebensäther; im Innern der Pflanze finden wir den Lichtäther und den chemischen Äther. Obwohl Pflanzen kein astrales und mentales Feld besitzen, haben sie, wie wir Menschen, eine Schicht in ihrem Energiefeld, die sie mit dem Tierkreis verbindet (ca. 1,8 m von der Pflanze); sie besitzen ebenfalls ein planetarisches Feld (ca. 3 m weg) sowie ein kosmisches Feld, weit aussen, analog zu unseren menschlichen Energiefeldern.

Ein grosser Baum besitzt ein Ätherfeld, das mehrere Meter weit sein kann. Dies können wir fühlen, wenn wir langsam mit ausgestreckten Armen auf den Baum zugehen.

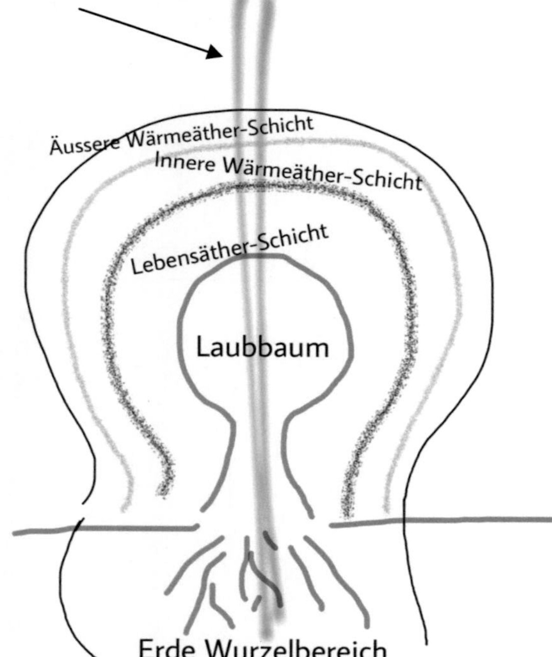

1.4. **Energiefelder der Tiere**

Tiere besitzen ein ätherisches und ein astrales Feld: ein inneres astrales mit ihren eigenen Emotionen sowie ein äusseres mit der Gruppenseele. Sie besitzen keine individuelle Seele wie wir. Auch sie sind mit ‚dem Ganzen' verbunden via der Schicht des astrologischen Tierkreises (ca. 2 m von ihrem Körper), dem planetarischen Feld (ca. 4 m weg) und dem kosmischen Feld. Sie besitzen kein mentales Feld wie wir Menschen.

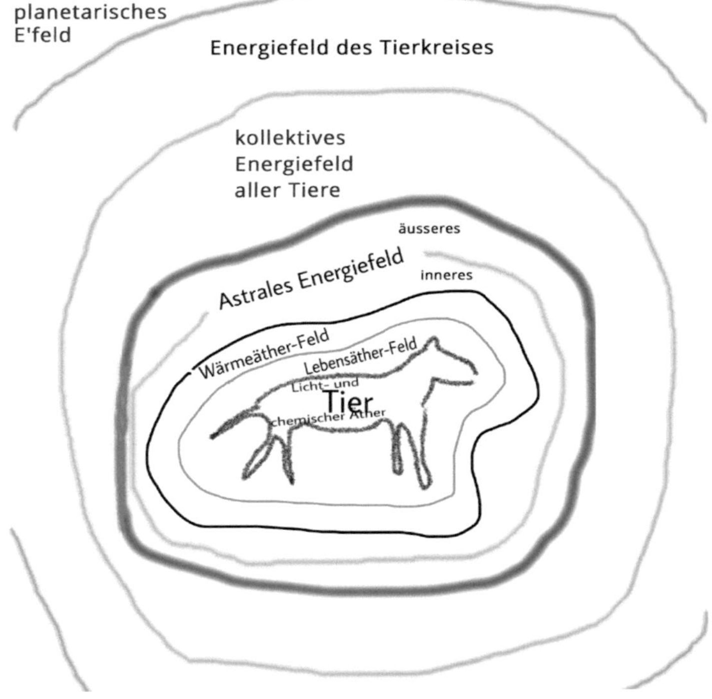

Wer einmal richtig in die Augen eines jungen Kalbes, einer Kuh, eines Pferdes, eines Hundes oder einer Katze schaut, dem kann nicht entgehen die Liebe, Geduld und Tiefe, die in all diesen Wesen zu fühlen ist. Es ist viel einfacher Tiere und generell andere Wesen zu misshandeln, solange wir sie als minderwertig und dumm ansehen. Es ist bezeichnend, dass in der französischen Sprache dasselbe Wort für ‚dumm' und ‚Tier' verwendet wird, nämlich ‚bête'. Dieses überhebliche Verhalten ist gegenüber der Natur, aber generell auch gegenüber anderen Rassen, Kindern, Naturgeistwesen, Ausländern, Behinderten etc. wieder zu finden.

Leider führt dies dazu, dass wir deren Intelligenz, Erfahrung und Weisheit nicht erkennen, obwohl wir einiges davon lernen könnten. Wir sehen diese Intelligenz am Werk z.B. beim Formationsflug von Staren. Als Menschengruppe wären wir ausser Stande dieses Verhalten nachzumachen. Wir könnten uns allenfalls vorstellen ein Computerprogramm zu entwickeln mit dessen Hilfe eine grosse Zahl von kleinen fliegenden Robotern ferngesteuert werden könnte. Bei Vögeln, oder Fischschwärmen, etc. ist dies die Gruppenseele, die derartig synchrones Gruppenverhalten dirigiert. In den Fernheilungen, die von Devas und Landschaftsengeln an mich herangetragen werden, erwähne ich Tiere und ihre Gruppenseelen. Siehe Abschnitt 5.1.7.

Ich bringe im Laufe des Buches zahlreiche Beispiele, wie die unterschiedlichsten Wesen einander beeinflussen.

Kapitel 2

Das Unsichtbare und die Frage des Glaubens

Dies ist eine zentrale Frage. Wir sind von unserer Kultur her relativ schlecht darauf vorbereitet mit dem Unsichtbaren umzugehen. Das Wort ,Energie' dient als Sammelsurium für alles Unsichtbare. Viele Illustrationen in diesem Buch sind Photos, die auf Unsichtbares hinweisen. Ich habe die wahrnehmbaren Energiestrukturen in Photos eingefügt, um z.B. hervorzuheben, wo sich im Bild eine Pflanzengruppen-Deva befindet. Dies kann vom Leser mit Fühlen, Pendeln, der Hartmann-Antenne oder dergleichen überprüft werden. Sehr viele Informationen in diesem Buch habe ich von ,unsichtbaren' Geistwesen erhalten, vorab von C.

Wir sind nicht zu ,blindem' Glauben verurteilt. Wir können unsere Wahrnehmungen und Intuitionen nach und nach mit Erfahrungen ergänzen und überprüfen. Das braucht Zeit, Disziplin und Geduld. Es benötigt vor allem ein wachsendes Unterscheidungsvermögen um zu erkennen, was ,unsichtbare' Realität ist, und was unsere egobasierten Ambitionen an Phantasien auslösen können. Ein ungenügend bearbeitetes Sonnengeflecht-Chakra ist sozusagen der Sitz unseres Egos, der Sitz unserer Ängste und sehr stark mit dem Sehsinn verbunden. Illusionen können somit ihre Quelle hier im Sonnengeflecht haben. Damit einigermassen klarzukommen ist ein Stück Arbeit. Wer das nicht anerkennt, ist womöglich bereits in einer Illusion gefangen.

2.1. **Die unsichtbaren Partner**

die Hierarchie der Engelwesen und einige ihrer Aufgaben.

Ich sehe keine Engel, und dennoch habe ich keinen Zweifel an ihrer Existenz. Mein Glauben an die göttliche Dimension und deren Wesen beruht auf jahrelangen Erfahrungen persönlicher Art. Persönlich, weil jeder von uns letztlich seinen Glauben auf seine ureigene Erfahrung stützen muss. Sonst bleibt es blinder Glaube, der oft darin besteht, dass wir einfach die Ansichten anderer Menschen übernommen haben. Die persönliche Erfahrung ist enorm wichtig, so bescheiden sie zu Beginn auch aussehen mag. Ich komme im nächsten Paragraphen darauf zurück.

Meine im Folgenden aufgeführten Erlebnisse beziehen sich in erster Linie auf der Beobachtung von Energiekolonnen unterschiedlicher Grösse in der Natur sowie einiger weiterer energetischer Phänomene. Durch den Gebrauch der kleinen Hartmann-Antenne habe ich gelernt zu fragen, was oder wer diese Energiestrukturen sind. Ich muss mich teilweise durch Listen von möglichen Wesen hindurchfragen, bis die Antenne bzw. meine Geistwesen ‚Ja' sagen. Denn, ich bin überzeugt, dass hinter den Bewegungen der Hartmann-Antenne Geistwesen tätig sind, denn die Antworten sind präzis und unvorhersehbar. Die energetischen Phänomene sind objektiv zu beobachten u.a. durch die im Raum gegenwärtigen Personen. Die Antworten müssen wir so nehmen, wie sie uns geliefert werden. Ich berichte weiter unten über Wesen, mit denen ich mir nie hätte träumen lassen in Kontakt zu kommen, geschweige denn ihnen auf eine noch so bescheidene Art und Weise behilflich sein zu können. (Siehe S. 220 für die Hartmann-Antenne)

Meine Wahl bestand darin den Antworten zu glauben und grundsätzlich Anfragen um Hilfe nie abzulehnen. Ich habe alles Erdenkliche unternommen um Antworten zu überprüfen. Dabei helfen mir meine Erfahrungen und mein Wissen ein gutes Stück weiter. Letztlich aber kann ich, aus wissenschaftlich-ethischen Gründen, die Zweifel nicht überhand nehmen lassen. Lehne ich einmal eine Antwort ab, so kann der Zweifel alles zerfressen. Nie habe ich mich aufgrund der Art der Anfragen von Naturgeistwesen überschätzt. Ich gehe einfach von der Annahme aus, dass die Wesen wissen was sie tun und, wenn sie an mich gelangen, ich offenbar ein Steinchen zum Ganzen beitragen kann, auch wenn mir das Verstehen dazu fehlt.

Tatsache ist, dass alle Wesen der göttlichen Dimension, wie auch alle Naturgeistwesen, weitgehend unsichtbar sind. Da wir heutzutage auf eine Kooperation angewiesen sind, das ist meine Überzeugung, ist dieser Umstand der Unsichtbarkeit unpraktisch. Die Unsichtbarkeit hat ihren Grund. Meine persönliche Auffassung dazu ist, dass unser Leben auf Erden eben diesen Einsatz fördern will, dass wir trotz der materiellen Existenz das Wissen um die spirituelle Heimat, die unsichtbare Dimension, nicht vergessen. Den Schöpfer sieht sowieso nie jemand. Und trotzdem ist eine Schöpferkraft im Hintergrund tätig. Glauben ist ein Gefühl, das eine Anstrengung abverlangt aber unabdingbar ist. Der Schlüssel dazu liegt im Herzen.

Gleichzeitig verändern sich die ‚Dinge' in den letzten Jahren stark. Gewisse Arten von Geistwesen machen grosse Anstrengungen um unserer Welt näher zu kommen. Parallel dazu machen viele Menschen Schritte in die Richtung feinere Wahrnehmungen bei sich zuzulassen. Äussere Veränderungen energetischer Art helfen dabei ganz beachtlich. Wir kommen darauf zurück (Kapitel 5.1. S. 172). Eine Anzahl erstklassiger Veröffentlichungen der letzten Jahre helfen uns dabei. [1, 2, 3]

Die unsichtbaren Wesen sind, so weit ich das feststellen konnte, meistens hierarchisch organisiert, d.h. sie haben einerseits einen erfahrenen Mentor oder Coach an den sie sich wenden können. Andererseits können sie, dank ihrer eigenen Erfahrung, anderen als Mentor dienen. In dieser hierarchischen Organisation geht es vor allem ums Dienen und nicht darum Befehle zu erteilen.

Ich meine vor allem zweierlei Hierarchien beobachten zu können: die Hierarchie der Engelwesen und diejenige der Naturgeistwesen im weitesten Sinn. Erstere habe ich im Anhang aufgeführt. Meine geistigen Partner C haben mir dabei ganz entscheidend geholfen. Ich denke, dass die Hauptaufgabe der Engelhierarchie das Herableiten göttlicher Inspirationen und der Liebe-Licht-Wahrheit Energie ist. Wie wir gesehen haben, empfinden die Engelwesen offenbar keine Gefühle. Es gibt aber in der im Anhang aufgeführten Liste auch einige fühlende Wesen. Sie gehören jedoch nicht zur eigentlichen Engel-Hierarchie. Sie arbeiten lediglich eng mit Engeln zusammen.

Die zweite Hierarchie, diejenige der Naturgeistwesen ist, soweit ich dies erkennen kann, in verschiedene Stränge gegliedert. Diese verlaufen parallel obwohl sie sich weit oben wieder vereinen. Ohne an dieser Stelle in die Details zu gehen, möchte ich hier drei Stränge erwähnen:

- Die Elementarwesen im engeren Sinn, welche nach den fünf Elementen *Erde, Wasser, Feuer, Luft, Äther* organisiert sind
- Die Devas
- Die Dagdas

Ich komme im nächsten Kapitel auf die Details der Organisation der unsichtbaren Welten zu sprechen.

Die allermeisten der aufgeführten Naturgeistwesen sind fühlende Wesen, d.h. sie erleben Schmerz und Freude. Disharmonien, Ungerechtigkeiten, Grausamkeiten, Unachtsamkeiten schmerzen sie. Harmonie, Respekt, Kooperation, Erfolg und Schönheit erfreut sie.

2.2. **Glauben und seine Hürden**

Ich möchte an dieser Stelle die Benutzbarkeit des vertikalen Strahls und seine Hürden gegen oben und unten hin etwas erläutern (siehe 1.2. und die folgende Grafik). Ich sehe drei Themenkreise, die ich die drei permanenten ‚Baustellen' nenne:

> 1. Transformation als unsere gelebte Mitte
> 2. unser ‚Oben'
> 3. unser ‚Unten'

Unsere Glaubensvorstellungen, wie auch unsere inneren Überzeugungen, bestimmen, wie wir die Welt sehen, auch die unsichtbare.

Seit vielen Jahren studiere und unterrichte ich persönliche Transformation und spirituelle Entfaltung. Unsere grundlegenden Denk- und Glaubensstrukturen befinden sich in unseren Glaubensströmen, die vom Kopfzentrum her oberhalb der Ohren, aus dem physischen Körper treten und sich horizontal mehr als einen Meter weit ausdehnen (siehe Grafik S. 30). Im linken Strom sitzen die von uns kritiklos übernommenen Denkmuster, im rechten Strom befinden sich die von uns selber erarbeiteten und überprüften Glaubensstrukturen. Diese Glaubensströme sind die Grundlagen unseres Denkens, Glaubens, Ausdrucks und Handelns. Sie sind die erste

horizontale Umsetzung oder Manifestation des von ‚oben'
kommenden vertikalen Strahls. Dieser bringt uns Licht, Liebe
und Wahrheit von ‚oben'. Es ist uns völlig freigestellt diese
göttliche Energie in unserem Leben auszudrücken oder nicht.

Energetisch gesehen kann ich in Auragrammen oft feststellen,
wie sich gerade auf diesem vertikalen Strom Hindernisse aber
auch uns helfende Lichtwesen befinden. Ohne auf die
persönlichen Transformationsschritte näher einzugehen (siehe
dazu meine vorhergehenden Bücher [4, 5, 6]) können wir
feststellen, dass alle unsere Chakras auf diesem vertikalen
Strom liegen, wie auch unsere Wirbelsäule. Die Transformationsarbeit an den Chakras und ihren Themen ist eine der
ersten grossen ‚Baustellen' in der persönlichen Entwicklung.
Diese Arbeit mündet in eine zunehmende Öffnung des
Herzens hin zu Mitgefühl, inniger Freude, Lebendigkeit und
gelebter Spiritualität.

Der vertikale Strom ist zentral in unserem Dasein. Er ist unsere
Verbindung zu Himmel und Erde, Oben und Unten, dem
Göttlichen und die Schöpfung. Ich erinnere an die beiden
Definitionen, die ich hier verwende:

‚Heilig' sind
Orte und Handlungen, die dem Göttlichen und der
Schöpfung gewidmet sind.

‚Heilung' wäre demzufolge ein
Vorgang, der es dem Betreffenden ermöglicht das Heilige
wieder ins Zentrum seines Lebens zu rücken.

Heilung erfahren wir, wenn wir unserer Stellung in diesem
vertikalen Strom bewusst werden und den sich daraus
ergebenden Einstellungen und Handlungen in unserem Leben

konkreten Ausdruck geben. Gute Absichten genügen nicht. Dies setzt unweigerlich einen Transformationsprozess in Gang, der die fortlaufende Auseinandersetzung mit dem Oben und dem Unten mit sich bringt; daher der Ausdruck permanente ‚Baustelle'.

Verfolgen wir den vertikalen Strom aufwärts, so sind Stellen ersichtlich, an denen sich z.B. schmerzliche Emotionen stauen können. Dies erfolgt u.a. in der Fokalisierungszone oberhalb des Kopfes. In meinem Verständnis sammeln sich hier z.B. unsere Zweifel am Göttlichen, an der Existenz eines Schöpfers, unsere Konflikte mit der Kirche, etc. Hier sammeln sich auch unsere

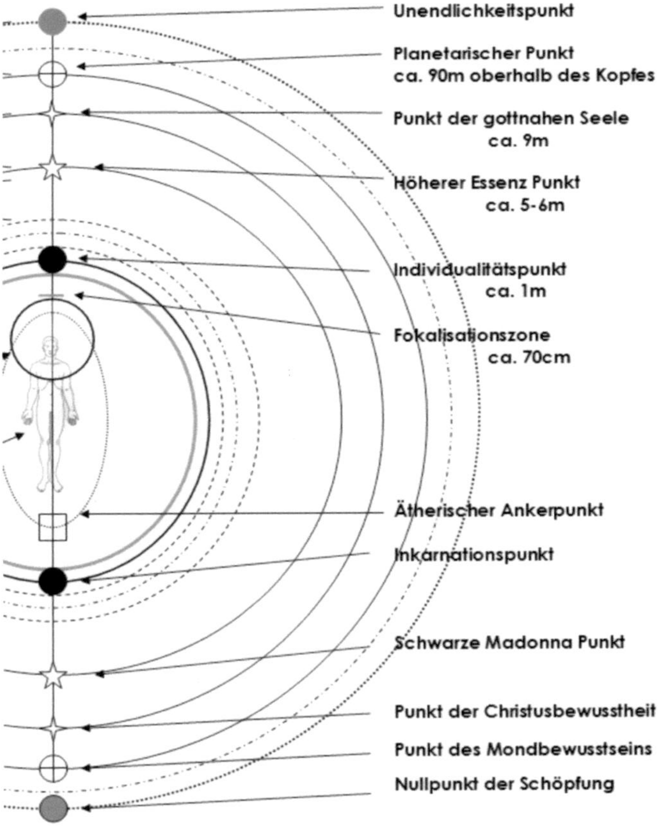

Minderwertigkeitsgefühle zu diesem Thema. Wir bringen unser ganzes religiöses Erbe mit in unsere Überlegungen hinein. Der

vertikale Strom kann nicht frei funktionieren, solange wir mit unserem religiösen Erbe nicht Frieden geschlossen haben. Wir kommen nicht darum herum, die Kirche und ihre menschliche Geschichte von der göttlichen Dimension zu trennen. Das ist die zweite grosse ‚Baustelle' in unserer Transformationsarbeit.

Die dritte ‚Baustelle' betrifft die Fortsetzung des vertikalen Strahls gegen unten, also bis weit unterhalb unserer Füsse. Das ist eine Reise ins Natürliche, eine Reise zur Ur-Mutter, zur Mutter-Erde, zur Schwarzen Madonna.

2.3. **unser kulturelles Erbe der ‚Unterwelt'**

Seit einiger Zeit erlebe ich die Schwerkraft als den Ruf der Liebe, ein Ruf, der von der grossen Mutter kommt, der Erd-Mutter. Es ist ein Ruf zum Natürlichen hin, zum Einfachen und Naheliegenden. Dabei fällt mir auf, wie sehr unsere Kultur den Bereich unter unseren Füssen mit negativen Konzepten beladen hat. Wir können diesen Bereich dem kollektiven Unterbewussten zuordnen. So z.B. haben wir die Biosphäre des Erduntergrundes und seiner Mikrobiologie bis heute kaum erforscht. Der Hades der alten Griechen gehört dazu, die sogenannte ‚Unterwelt', die Welt der Verstorbenen, der Beerdigten, ja der Dämonen und anderer dunklen Gestalten unserer Phantasie. Lange Zeit haben wir sogar unsere Kinder gewarnt, dass die Erde voller Bazillen, Dreck und Ungeziefer sei. Das ist nicht meine Sichtweise der Natur.

Ich bin auf dieses Gemälde von 1502 gestossen, das möglicherweise von Dionysius, dem russischen Ikonenmaler, gemalt wurde: „Die Reise Christi in die Hölle" (nächste Seite). Es führt uns vor Augen, wie Christus nach der Kreuzigung eine dreitägige Reise in die Tiefen der Erde unternommen hat. Maria-Magdalena war offenbar die einzige, die währenddessen auf ihn wartete und ihn nicht im Stich liess. Sie beschreibt es in ihrem Evangelium. Leider fehlen z.Z. noch gerade diejenigen Seiten, in denen Christus beschreibt, was er in den Tiefen angetroffen hat, und wie er die dortigen Dämonen besiegt hat, anders gesagt: wie er Licht, Liebe und Wahrheit in die Erde

brachte. Damit hat er begonnen das kollektive Unbewusste mit eben dieser Licht-Liebe Energie umzuwandeln. Wir können diesen Vorgang die Revitalisierung der Erde nennen. Auf dem Gemälde sind mir die zwölf weissen Punkte aufgefallen. Die liessen mich nicht los. Warum hatte der Künstler diese angebracht, zumal jeder Punkt energetisch deutlich ausschlägt? Ich habe nachgefragt und mich an folgende Grafik erinnert, die ich in einem Buch veröffentlicht hatte [6]. Es scheint ein Zusammenhang zu

bestehen zwischen den Lichtpunkten und den zwölf Erzengeln. Diese haben, laut C, Christus in jener Mission in die Tiefe begleitet. Ich überlasse es den Lesern ev. mit einem Pendel, einer Hartmann-Antenne, etc. selber zu entdecken welcher Erzengel mit welchem Punkt übereinstimmt. Dies bringt eine Überraschung.

Die Darstellung der 12 edlen Aspekte des Universums folgt Informationen, die ich von C erhalten habe. Die sieben horizontalen Scheiben entsprechen den sieben Chakras. Die Anordnung der Aspekte im 3D Raum um unseren Körper herum ist nicht zufällig.

2000 Jahre danach, haben wir endlich verstanden, was Christus uns zeigte? Haben wir Licht und Liebe in unsere Tiefen vorstossen lassen? Wenn wir diese Zeitspanne kurz überfliegen, so erkennen wir, wie sehr unsere Kultur eben diesen Raum verteufelt hat und es sich schwer gemacht hat mit Licht und Liebe die Phantasien von Teufel, Dämonen, schwarzer Magie, der Verteufelung des Weiblichen mit den Hexenverbrennungen endgültig zu überwinden.

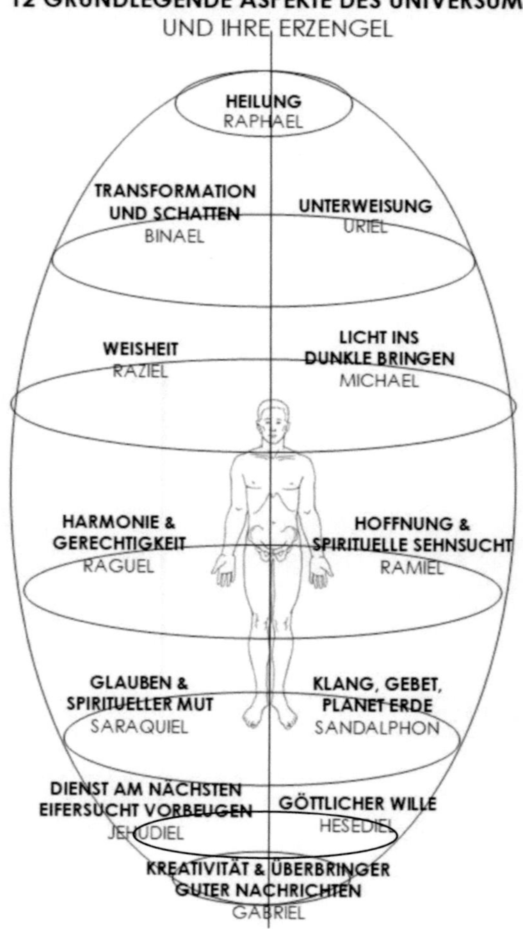

In meinem Erleben liegt der Sitz der Schwarzen Madonna, der Erd-Göttin weit unter unseren Füssen (siehe obige Grafik S. 41). Sie ist gleichzeitig die Königin des Universums, die Königin der Nacht. Sie ist ein Mysterium. In Kapitel 4 gehe ich näher auf sie ein (4.6. / S. 155).

Wie sehr das Natürliche ein Sich-Sinken-Lassen mit einschliesst können uns die Elemente Erde und Wasser vor Augen führen. Beide geben sich der Schwerkraft hin und sinken bis zu einem natürlichen Ruhepunkt. In der persönlichen Entwicklung erleben wir, wie Erde und Wasser die Elemente sind, die zu den zwei untersten Chakras gehören, dort, wo auch unser Unterbewusstsein energetisch angesiedelt ist. In unserer Entwicklung müssen wir Licht, Liebe und Wahrheit eben in diese Bereiche eindringen lassen. Die Parallele zu den Bestrebungen Christi liegt auf der Hand. Unsere Liebe zur Erde ist eine Liebe zu uns selbst. Der Respekt der Erde ist ein Respekt, der uns mit einschliesst. Dieser ist unumgänglich für unsere Zukunft und den Frieden in und um uns.

2.4. **Die Wahrnehmung und Kommunikation**
mit dem Unsichtbaren in unserer näheren Umgebung

So wie ich die uralten Unterweisungen verstehe, die uns durch die drei druidischen Initiationen überliefert wurden, erklären sie uns die Etappen einer tiefen Heilung – Heilung im Sinne von holistisch, ganzheitlich werden. Diese Unterweisungen sind höchstwahrscheinlich vom alten Ägypten über die Mysterien-schule von Eleusis und Alesia in Ostfrankreich zu uns gekom-men. Symbolisch wurden sie uns mit der Schwarzen Madonna gebracht, der Isis der alten Ägypter. Die Orte an denen die drei Initiationen unterrichtet wurden und werden sind energetisch wahrnehmbar durch drei konzentrische Energiekreise in der Landschaft, die das jeweilige Schulungszentrum umgeben. So können wir z.B. erahnen, dass Goldswil bei Interlaken, Wahlern bei Schwarzenburg und der Lenzburg-hügel drei Orte waren, die im ersten Jahrtausend vor Christus Schulungszentren dieser Art beherbergten. (Siehe auch die Liste der heiligen Orte und Kirchen im Anhang)

Diese Unterweisungen waren ‚geheim' aus einem einfachen Grunde: sie mussten erlebt werden. Man konnte sie nicht wirklich weitererzählen oder in einem Buch festhalten. (siehe Beschreibung S. 99 ff).

„Wie oben so unten", ist ein alter Leitsatz, der ebenfalls aus dem alten Ägypten stammen soll. Energetisch kann festge-stellt werden, dass der Punkt der Schwarzen Madonna (siehe Grafik S. 41) zum Herzen hin wandert. Parallel dazu wandert das Licht von oben her ebenfalls in das Herz. Es lässt sich feststellen, wo im vertikalen Strom ein Mensch in seiner inneren Entwicklung steht, denn dort bleiben die Punkte stehen. Die Hopi-Indianer bringen uns dazu ein wunderbares Gebet:

„Mögen Vater Himmel und Mutter Erde heute sich in meinem Herzen treffen und dort in alle Ewigkeit weilen."

Wahrnehmung und Kommunikation mit Wesen der unsicht-baren Dimensionen haben ihre Vorbedingungen. Wenn dies spontan geschieht, so sind offenbar diese Vorbedingungen bereits erfüllt. Wenn nicht, so besteht für mich kein Zweifel, dass zuerst die Hierarchie der Initiationsstufen durchlaufen werden muss. Ohne ein Akzeptieren unserer selbst und unserer Lebensgrundlagen macht es wenig Sinn mit der unsichtbaren Dimension kommunizieren zu wollen. Denn diese Kommunika-tion geschieht über das Herz und über das Hara Chakra. Letzteres bringt uns den natürlichen Zugang zum Ätherischen,

da eine besonders starke Beziehung zwischen Hara, Wasserelement und dem Ätherischen besteht (Ätherkörper und
Wesen, die in der unsichtbaren ätherischen Dimension leben).

Über diese Überlegungen hinaus dürfte jeder Kontakt ein
individueller sein. Jeder von uns hat besondere Eigenschaften
und seine ureigene Art mit der unsichtbaren Welt in Kontakt zu
kommen. Meinerseits begann dies über die Wahrnehmung
von Energiesäulen in der Natur. Ich wusste lange Jahre nicht,
was sie bedeuteten. Erst als ich über die Hartmann-Antenne
Zugang zu meinen Geistwesen C erhielt, bekam ich Antworten
auf meine Fragen: Ist diese Energiesäule ein Wesen? Ist es ein
wohlwollendes, also ein Lichtwesen? Geht es ihm gut? Kann
ich etwas für es tun? usw. Die Hartmann-Antenne ist nur ein
Hilfsmittel. Die innere Bereitschaft zur Kommunikation brachte
mir den Kontakt zu diesen Geistwesen. Da gibt es keine
Abkürzung. Wenn die Zeit dafür reif ist – und wir damit – so
geschieht der Kontakt.

Das braucht uns nicht davon abzuhalten z.B. die Devas eines
Baumes oder einer Tulpe zu grüssen, ihnen zu danken und
mitzuteilen, dass ihr ‚Werk' uns freut. Dies sind Äusserungen
unseres Herzens, genau der Teil der Kommunikation, den wir
beherrschen und der von Herzen kommt, gratis und ohne eine
Gegenleistung zu erwarten.

Unsere Glaubensstrukturen bestimmen und beschränken
unsere Wahrnehmung. Dies mag die Erklärung sein, warum die
Energiestrukturen, die ich in Kapitel 3.5. beschreibe, bis dahin
nicht oder nur selten beobachtet wurden. Es mag auch sein,
dass diese nicht wahrgenommen werden können, solange
eine Person überzeugt ist, es gäbe sie nicht. Das sind die
Streiche unserer subjektiven Wahrnehmung.

Der Schöpfer
Die Engelhierarchien
Der Europaengel
Die Nationenengel
Regionalengel
Engel menschlicher Gemeinschaften
Landschaftsengel
Dorfgeist Stadtgeistwesen
Kirchenengel
Die Schöpfung – Die sichtbare Welt
Elementarwesen
Devas
Dagdas
Elfen
Naturgeistwesen
Die Schwarze Madonna

Kapitel 3

Begegnung mit Wesen, die während langer Zeit in unsere Legenden und Märchen verdrängt worden waren.

Die Organisation des Unsichtbaren

Wir werden wohl nie die Komplexität der Organisation der unsichtbaren Dimensionen ganz erfassen können. Es ist jedoch lehrreich ihre Organisation wenigstens teilweise zu erkennen. Dies entmystifiziert sie und ruft Respekt in uns hervor, denn wir begnügen uns nicht nur mit althergebrachten, etwas naiv anmutenden, Auffassungen. Die Namen und Bezeichnungen der Wesen sind nicht wesentlich und können verschieden sein, je nach Autor. Ich brauche die Bezeichnungen in Übereinstimmung mit C. Die überall anzutreffende hierarchische Gliederung ist weniger eine Befehlshierarchie als vielmehr eine sich natürlich ergebende Coaching- oder Ratgeber/Begleiter-Hierarchie. Die Älteren, Erfahrenen helfen den Jüngeren und weniger Erfahrenen.

Alle Naturgeistwesen i.w.S., wie auch die Engel, scheinen Wert darauf zu legen einen Ankerungsort zu haben. Ich nehme an, dies ermöglicht das Herunterbringen und ‚Erden' von Energien aus dem göttlichen Feld. Dies ist wohl eine der Hauptfunktionen der Engelhierarchie. Ihr Einfluss- und Wirkungskreis organisiert sich in einem bestimmten Radius um ihren Ankerungsort/Erdungspunkt herum.

3.1. **Das göttliche Feld**

Das Konzept ‚Gott' oder auch ‚Grosser Geist' und dergleichen finde ich unbefriedigend. Ich möchte versuchen hier ein differenzierteres Bild von einem göttlichen Energie- oder Bewusstseinsfeld zu skizzieren. Ein Teil der unsichtbaren Welten können wir ‚göttliches Feld' nennen. Es umfasst uns wohl gesinnte Geistwesen, die allesamt unsere Entscheidungsfreiheit respektieren. In Zusammenarbeit mit C, dem Kollegium von Geistwesen, habe ich detaillierte Einblicke in dieses göttliche Feld gewinnen können. Was früher Idee, Einfall, geistiger Impuls, Intuition, Inspiration und dergleichen genannt wurde, erhält näher identifizierbare ‚Absender', eine Herkunftsadresse. Wir erhalten Informationen wie unendlich reich und komplex diese ‚parallele' Welt ist.

Als ich vor einigen Jahren C fragte, wieviele Ebenen oder Sphären es in der göttlichen Dimension gäbe, antworteten sie: 21. Ich habe sie alle im Anhang aufgeführt. Viele sind für uns schwer fassbar und werden es vielleicht immer bleiben. Doch können wir eine Ahnung haben, was ihre Aufgaben sind, und wer hinter gewissen Phänomenen steht, die wir hier in unserer Welt beobachten. Mir haben diese Einblicke Staunen, Achtung und Respekt gebracht. Die wichtigste Kategorie im göttlichen Feld ist die Engelhierarchie. Sie umfasst, soweit ich das verstehen kann, vier Hauptkategorien:

3.1.1. die Ebene der **Trinität:** der Schöpfer, die Schwarze Madonna, der Heilige Geist, Christus, Allah, Buddha, der Grosse Geist der Nordamerikanischen Indianer, sowie vergleichbare hohe Geistwesen anderer Kulturen (Sphäre 21)

3.1.2. die ‚**Richtungweisenden**', ‚**Gesetzgeber**' oder ‚**Machthaber**': (Sphären 17-20) Seraphim, Cherubim, Throne, Cupidos (hohe Engel der Kunst, des Schönen und der Liebe).

3.1.3. die ‚**Verwalter**', ‚**Ausführenden**' oder ‚**Administratoren**': (Sphären 12-16) ‚Dominationes', ‚Mächte', ‚Gewalten', ‚Herrschaften'

3.1.4. die ‚**Überbringer**', ‚**Vermittler**' oder ‚**Botschafter**' (Sphären 1-11) die zeitweise einen direkten Kontakt mit Menschen und Naturgeistwesen haben: Schutzengel, Erzengel, Landschafts- engel, Regionalengel, Nationenengel, der Engel des Planeten Erde, Kirchenengel, etc. Diese Kategorie ist die, die wir üblicherweise als Engel bezeichnen und etwas besser kennen: der Engel als Überbringer von himmlischen Botschaften.

Die Liste der 21 Ebenen, Sphären oder Stufen ist im Anhang zu finden. Sie ist in laufender Überarbeitung und Ergänzung: ‚a work in progress', wie die Engländer so schön sagen. Dies wird wohl immer so bleiben, da die Liste nur ein Fenster ist zum weiten Unbekannten hin, zum Mysterium. Die Liste enthält einige fühlende Wesen. Die Engel, so wie ich C verstehe, sind jedoch im Wesentlichen keine fühlenden Wesen. Sie fühlen weder Schmerz noch Freude. Das verhindert nicht, dass sie eine ganze Anzahl anderer grosser Qualitäten besitzen. Nach meiner Auffassung sind alle Wesen der Stufe 21 allerdings fühlende Wesen.

Wir denken häufig, dass das göttliche Feld etwas Abgehobe- nes, weit Entferntes sei, weitgehend unerreichbar für die meisten Menschen. Dies führt oft zu der Überzeugung, dass Geistwesen menschenfremd seien. Ich glaube jedoch beobachten zu können, dass im Gegenteil die Lichtwesen der göttlichen Dimension uns viel näher stehen, als wir denken. Sie scheinen unsere gemeinsame Existenz als eine Zirkulation aufzufassen, als einen fortlaufenden Austausch und eine unerlässliche Kooperation zu der sie bereit sind. Sie warten geduldig darauf, dass wir auf sie zukommen und ihre Zusammenarbeit akzeptieren. Sie nehmen an unseren Freuden und Leiden teil. Ich bin überzeugt, dass ein wesentlicher Teil der Heilung unsere aktive Teilnahme am Heiligen ist, unsere gefühlsmässige und gedankliche Öffnung den Lichtwesen der göttlichen Dimension gegenüber. Ich werde darauf zurück kommen.

3.2. **Engel von menschlichen Gemeinschaften**

Ich möchte mich der Hierarchie derjenigen Engel zuwenden, die menschliche Gemeinschaften begleiten. Bei dieser Hierarchie handelt es sich um Engelwesen, die sich um Weiler, Dorfgemeinschaften, Städte, Stadtquartiere, Betriebe, Schulen, Universitäten, Vereine, etc. kümmern. All die eben erwähnten Gemeinschaften unterstehen einem **Bezirksengel**. Deren Bezirke sind nicht im verwaltungstechnischen Sinne entstanden, sondern mehr durch das Zugehörigkeitsgefühl der Menschen zu einem Tal, einer historischen Kleingegend, einem Stadtquartier, etc. Bei uns in der Dordogne hat das ‚Perigord Noir' einen eigenen ‚Bezirksengel', dem alle Engel bis hinunter zum kleinsten Weiler unterstehen. Der Radius der Bezirksengel beträgt ungefähr 20 km um ihren Erdungspunkt herum.

C gibt mir bereitwillig Auskunft, wieviel Prozent der von ihrem Engel heruntergeleiteten Inspirationsenergie eine Gemein- schaft z.Z. tatsächlich braucht. Als ich C fragte, wie es denn um **Paris** (historisches Zentrum) stehe, so sagten sie mir – im Juni 2015 - 72%, im April 2018 – 69%; für **Berlin** (Zentrum) 50%, im April 2018 – 52%; **Zürich** (Innenstadt) 73%, im April 2018 – 76%, **London** (Innenstadt) 30%, April 2018 – 40%. Diese Zahlen unterliegen Schwankungen und hängen von der laufenden Ortsgeschichte ab. Wir werden das am Beispiel des Europaengels sehen.

Wie kommt es, dass einige Grossstädte zu einem so hohen Prozentsatz gelangen? Bei den historischen Zentren Paris und Zürichs, die ich weit besser kenne als Berlin und London, sind Pflege der wunderschönen historischen Architektur, Kultur (Museen, Konzertgebäude, Kongresse, etc.), Umgebung, Parks, Begrünung, Sauberkeit, Sicherheit, der Enthusiasmus, die Dankbarkeit und Freude von Touristen und Besucher (Millionen im Falle von Paris) ausschlaggebend. Zürich genoss lange Zeit den ersten Rang der Weltstädte mit höchster Lebensqualität.

Letztlich dreht es sich immer um Liebe, Mitgefühl, Respekt, der Wertschätzung spiritueller Werte (S. 143 u. 169) und die Benützung der ‚Brücken' zwischen den Welten. Damit verbunden ist, in einem tieferen Sinne, auch die spirituelle Heilung oder das Wohlbefinden einer Gemeinschaft. Ebenso wie die zahlreichen Interviews der Flensburger Hefte mit Naturgeistwesen die Grundlage für eine Erweiterung verschiedener wissenschaftlicher Disziplinen sein werden, so können die hier beschriebenen Ideen womöglich ein neues Verständnis bringen, was die Gesundheit einer Gemeinschaft ausmacht: Glücksgefühl, Frieden, soziale Gerechtigkeit, geistige und körperliche Gesundheit, Schönheit des Ortes, und die letztlich kontraproduktiven Effekte des Konsums von Anxiolytika (Medikamente, die Angst in den Hintergrund drängen aber nie heilen) und Antidepressiva.

3.2.1. **Die Prinzipien einer Zusammenarbeit mit Geistwesen**
Mir kommen drei Prinzipien in den Sinn. Sie sprechen für sich selbst:

- Die Klarheit und Ehrlichkeit unserer Motivation
- Unsere Bereitschaft zum Gemeinwohl beizutragen
- Offenheit für göttlichen Impulse und Inspirationen

3.2.2. **Dorf- und Quartierengel**

Wir sprechen üblicherweise von einem lebendigen Dorfgeist, wenn diese Gemeinschaft besonders kulturell aktiv ist. Der Dorfgeist ist allerdings mehr als ein abstraktes Konzept. Wir finden tatsächlich einen Engel, meist in der geographischen Mitte eines Dorfes oder Stadtteils, der wie immer göttliche Inspirationsenergie herunter bringt und bereithält. Es hängt ganz von den Aktionen und Haltungen der Gemeinschaftsmitglieder ab, wieviel davon wirklich in die Gemeinschaft einfliesst und sie ‚beflügelt'. Diese Engel fühlen sich denn auch mehr oder weniger ‚nützlich'.

Ausschlaggebend ist, wie die Bewohner diese Wesen respektieren und mit ihnen zusammenarbeiten, sie sogar manchmal um Hilfe bitten. Da diese Wesen unseren freien Willen respektieren, unternehmen sie nichts, solange sie nicht gefragt werden. In den meisten Dörfern, die ich in unserer Gegend untersucht habe, können die Engelwesen nur durchschnittlich 30% ihrer Energie herunterbringen. Das ist nicht viel. Der Prozentsatz kann von Tag zu Tag variieren und scheint unter anderem von Folgendem abzuhängen:

- Respekt der Natur (z.B. Grad der Umweltverschmutzung)
- Respekt der Tiere (Haustiere und wilde Tiere)
- Grad der Kooperation mit Devas, Naturgeistern und Engelwesen
- Umfang der Gebete oder anerkennenden Worte, die täglich gesprochen oder gedacht werden
- Gelebten Glauben der Gemeinschaftsmitglieder
- Respekt und Mitgefühl den Mitbewohnern gegenüber

-   von der Dankbarkeit gegenüber der Schöpfung
-   Respekt und Pflege zu unserem eigenen Körper
-   von der Pflege des Dorfgeistes (Kultur, Feste, etc.) und
-   der Pflege der Schönheit des Dorfes oder Stadtteils

Mit Gebet meine ich nicht ein spezielles Ritual, vielmehr eine dankbare Zuwendung und ein herzliches Bezugnehmen. Die Benützung der spirituellen Impulse ‚von oben' erlaubt es einer Gemeinschaft hochfrequentige Energie zu empfangen. Dies fördert direkt heilende Prozesse in der Gemeinschaft z.B. um traumatische Ereignisse (Unfälle, Verbrechen, Krieg, Naturkatastrophen, etc.) zu überwinden.

Mich interessierte, wer in unserem Dorf wieviel zu dem bestehenden Prozentsatz – z.B. den erwähnten 30% - beiträgt. Der Gemeinderat trug zu jenem Zeitpunkt 1/5 bei, die damalige Gemeindesekretärin allein weitere 1/5, der konventionelle Ortsverein 1/6, verschiedene Einzelpersonen 1/3. Wir sollten nicht unterschätzen, was der Einzelne dazu beitragen kann und möglicherweise damit den ganzen Prozentsatz weit über die 30% heben könnte.

Jedes Dorf, jedes Stadtquartier, jede Stadt besitzt einen eigenen Engel. Seine Energie kann einerseits als Energiesäule wahrgenommen werden, die sich wenige hundert Meter hoch in den Himmel erhebt und dort eine Art horizontale Energiewolke bildet. Auf der Gefühlsebene können wir seine Energie als etwas Feines, Erhebendes wahrnehmen, eine Art Glücksgefühl, auch Ehrfurchterregendes. Auf der Ideen- und Impulsebene kommen von ihm Anregungen, die wir ihm vielleicht nicht immer zuordnen können. Doch ist deren Wahrnehmung etwa unserer Interaktion mit einem Blumenbeet zu vergleichen, um das wir uns kümmern und das uns Momente der reinen Freude vermittelt. Dankbarkeit und Offenheit diesem spirituellen Einfluss gegenüber schafft eine Zirkulation von Energie und Gefühlen. Es ist ein gegenseitiges Befruchten und Beglücken.

Diese Wesen versuchen nie uns etwas aufzuzwingen. Sie können Jahrzehnte unbemerkt und unbenützt bleiben. Ihre Geduld ist unendlich. Doch, wenn die Gemeinschaft sich ihnen öffnet und eine Kooperation sucht, so bleiben die Resultate nicht aus. Diese Zusammenarbeit muss nicht unbedingt mit diesen Begriffen arbeiten. Das grundlegende Gefühl der Offenheit, echtes Interesse am Gemeinwohl und Dankbarkeit sind ausschlaggebend. Ist diese Haltung vorhanden, kommen Impulse und Ideen zu uns, ohne dass wir immer wissen woher und warum. Sie dringen durch unsere mentale Aura ins Gehirn und werden dort zu Gedanken und Sätzen. Sie dringen ebenfalls in unseren Herzen. Das Herzchakra ist unser Eingangstor zur spirituellen Welt und ist Teil unserer mentalen Aura.

Lichtwesen sind in eine Hierarchie eingebettet. Diese Übermittlungslinie lässt uns Impulse von ‚Hoch-Oben' zukommen die sie immer für uns bereithalten. Wir können sie ignorieren oder davon Gebrauch machen. Diese Übermittlungslinie sorgt auch dafür, dass die Anliegen der Einwohner nach ‚oben' weitergeleitet werden.

3.2.3. **Kirchenengel**

Kirchen sind in erster Linie Orte der Stille und der Verbindung mit unserem zutiefst Inneren, unserem Herzen. Es sind Orte der Dankbarkeit und des Sich-wieder-Verbindens (re-ligio auf lateinisch) mit der Schöpfung, den Schöpferkräften, dem Heiligen. Die meisten heutigen Kirchen wurden auf älteren Kirchen, Kapellen und Tempeln gebaut und diese wiederum

oft auf noch älteren, vorchristlichen Kultstätten. (Siehe 3.5.2.)
Bei der Renovation von Kirchen findet man häufig die
Überreste der gleich darunter liegenden Kultstätte. Die
energetische Archäologie zeigt uns, dass diese aufeinander-
folgende Reihe von Kultstätten an einem Ort manchmal über
tausende von Jahren verfolgbar ist. Die heutige kirchliche
Organisation ist sozusagen nur ein vorübergehender Gast-
geber oder Ortshüter. Sie ist eine menschliche Organisation
und ist nicht zu verwechseln mit der göttlichen Dimension, die
an diesen Orten zu finden ist.

Jede Kirche besitzt einen Kirchenengel. Dieser ist am Ende des
Kirchenschiffes über einem
sogenannt **göttlichen Quadrat** zu
finden, das dem Altar gegenüber
liegt. Diese Stelle liegt damit sehr oft
in der Nähe des Kircheneingangs.
Der Kirchenengel ist der Vertreter der
göttlichen Dimension und deren
Diener. Er ist fast immer zugegen und
heisst die Besucher willkommen. Er
tut sein Möglichstes, um sie den
tieferen Dimensionen des Ortes und
ihren persönlichen Gefühlen zu öffnen. Ich komme gleich
darauf zurück.

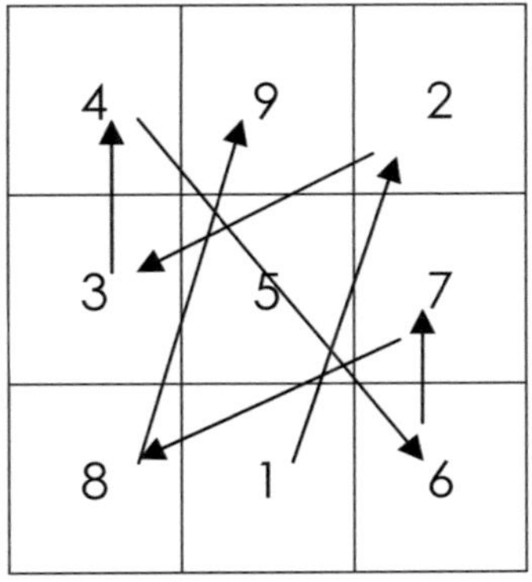

Diese göttlichen Quadrate, oft auch magische Quadrate
genannt, bestehen aus neun quadratischen Feldern und sind
immer identisch numeriert (siehe Grafik). In meinem Buch
‚Faith is the Bridge' führe ich 16 heilige Orte in Europa auf,
welche zur ersten Kategorie gehören (S. 118f) und jeweils alle
11 magische Quadrate besitzen: 8 für die Himmelsrichtungen,
1 in der Mitte und an den zwei besonderen Kraftorten. Nicht

bloss ist die Numerierung und ihr Auftreten erstaunlich. Am heiligen Ort in unserer Nähe fanden wir auch gut sichtbare Abdrücke der neun Quadrate im Gras. C sagt mir, es seien Thronen-Engel, welche diese Quadrate wie ein göttliches Siegel anbringen. Ihre linke Kolonne (4-3-8) ist mit dem Ton des Ortes und seiner Quinte und Oktave versehen. Die mittlere Kolonne (9-5-1) weist die drei Grundfarben Gelb, Rot, Blau auf und die rechte Kolonne (2-7-6) entspricht dem Schöpfer, dem Heiligen Geist und Christus. Dasselbe Quadrat finden wir in China unter der Bezeichnung Lo Shu Quadrat. Es enthält dort den Bezug zu den Jahreszeiten, den 5 Wandlungsphasen der Energie und zu 9 Trigrammen oder Archetypen des I Gings.

Leider sind Orte zu beobachten, in denen der Kirchenengel verdrängt worden ist. Dann wartet er geduldig draussen, ganz in der Nähe seines angestammten Platzes. Verdrängt wurde er meist wegen eines vergangenen Verbrechens, das irgendwann in der langen Geschichte dieser Kirche begangen wurde und zwar unter Mitwissen der kirchlichen Behörden. Das Heilige des Ortes wurde gestört und verlangt nach Heilung, einer Wiederherstellung des Heiligen. Solange die Wiedergutmachung nicht erfolgt, untergräbt ein gefallener Engel, so gut er kann, den Glauben der Kirchenbesucher. Er erinnert uns daran, dass es hier noch etwas zu erledigen, zu heilen gibt. Das ist ein gutes Beispiel einer gestörten Harmonie, die nach einer kollektiven Anstrengung ruft.

Gemäss meiner Recherchen sind etwa 70% der Kirchen in Westeuropa nach einem Energiegitter orientiert, das dem Ort ein speziell hohes Energiepotential zuführt. Ist die Energie des Ortes rein und aktiviert, wirkt sie weit stärker als an einem normalen Ort. Ist die Energie jedoch einer Disharmonie unterworfen, wird auch dieser Effekt verstärkt.

Ich habe dieses Phänomen der gefallenen Engel in drei Kirchen in der Dordogne beobachten können. Während der Kirchenengel draussen wartet, hat links vor dem Altar ein gefallener Engel Platz genommen. Er befindet sich auf dem Platz, welcher der Energie der Vertantwortlichen der Kirchgemeinde vorbehalten ist. Tatsächlich verschwindet in der Regel dieser gefallene Engel vorübergehend, wenn eine Messe gelesen wird. Manchmal trägt der Priester auch mit Weihrauch dazu bei den Platz um den Altar zu reinigen. Dann, und nur für die Zeitdauer der Messe, kann der Kirchenengel wieder seinen angestammten Platz einnehmen.

Nur in einem der drei Orte war es möglich, durch Gebet und eine Entschuldigung für die begangenen Verbrechen, die Harmonie wieder herzustellen. Dies war dort möglich, weil der Vorfall 800 Jahre zurückliegt, und niemand in der Kirchgemeinde sich mehr daran erinnert und sich dafür entschuldigen könnte. In diesem Falle haben wir uns stellvertretend für die schuldigen Menschen entschuldigt. An den zwei anderen Orten ist das nicht möglich, weil sich dort, aus mir nicht bekannten Gründen, die Gemeinde, die örtliche Gemein-schaft am Heilungsritual in irgendeiner Form beteiligen müsste.

In diesen Fällen ist das Energieniveau in der Nähe des Altars, und generell im Kirchenraum, dramatisch tiefer. Ich kenne sehr empfindliche Menschen, die diese Kirchenräume fluchtartig verlassen müssen. Heilige Räume obliegen unserer Verantwortung und verlangen unser aktives Handeln.

3.2.4. **Engel von Unternehmen**, Schulen, Vereinen, etc. Analog zum bisher Gesagten ist auch die Funktion von Engeln zu sehen, die einer wirtschaftlichen oder kulturellen Gemein-schaft zugeordnet sind. Auch diese Gemeinschaften sind in erster Linie für das Gemeinwohl ihrer Mitarbeiter da, und in

60

einem weiteren Sinne für das Gemeinwohl allgemein mitverantwortlich. Dies funktioniert um so besser, wenn diese Gemeinschaften nicht Gier und Angst als Hauptmotivation haben sondern Mitgefühl. Was nicht heissen muss, dass sie nicht nach erprobten Führungsmodellen arbeiten können und müssen. Denn zum Gemeinwohl gehört auch ein langfristiges Überleben des Unternehmens, auch wenn das nicht ihr oberstes Ziel sein kann.

3.2.5. Engel von ethnischen Nationen
Unter 5.1.10 komme ich auf die Anfragen von Engelwesen einiger ethnischer Nationen zurück. Da ethnische Gruppen oft in der politischen Organisation eines Landes untergehen, schien es mir opportun sie hier separat zu erwähnen. Denn die politische Organisation eines Landes ist nur insoweit mit ihrem Nationenengel in Einklang, wenn sie auch ethnische Volks- identitäten respektiert. Viele politische Organisationen und Grenzziehungen haben diesem Umstand nicht Rechnung getragen. Das hat zu Konflikten, Kriegen und viel Leiden geführt und dies bis zum heutigen Tag.

3.2.6. Der Engel Europas
Ich beschreibe unter 3.4.3. beschreibe ich die Aufgaben der Nationenengel und unter 3.4.4. diejenigen des Europaengels und die Fluktuationen des Umsetzungsgrades seiner Energie im Laufe der dramatischen Ereignisse von 2015 und 2016.

3.2.7. Heptagramme und Landschaftstempel/-haine
‚Hepta' bedeutet sieben im Altgriechischen
Die Zahl Sieben, so auch die Heptagramme sind universelle Strukturen wie z.B. auch der Tierkreis mit seinen 12 Einteilungen. Die folgenden Heptagramme geben uns Einblicke in das Wohlbefinden eines sozialen Organismus. Landschaftstempels

und –haines verwenden oft sieben Eigenschaften. Es ist nützlich zwischen verschiedenen Konzeptualisierungsebenen zu unterscheiden (siehe Anhang). Im folgenden Beispiel wird auf Konzeptualisierungsebene 4 Paris innerhalb des städtischen Autobahnringes ‚Boulevard Périphérique' beschrieben. Der Engel Paris, Nr. 7, hat seinen Platz in der Sainte Chapelle gefunden. Wir sehen 7 Kreise. Linien und Kreise (ca. 1m Durchmesser) sind z.B. in einem Dorf auf dem Boden gut fühlbar. Generell bleibt die geometrische Figur des Heptagrammes auch wenn lokal leichte Verschiebungen der Kreise feststellbar sind. Diese Verschiebungen ergeben sich aus der Lokalgeschichte.

Die Werte für Paris waren am 21/11/2018 :   (sh. auch Seite. 52)
1. 79% - Bewusstsein des spirituellen Ziels von Paris
2. 45% - Akzeptanzgrad der gegenwärtigen Lebensumstände : Architektur, Lärm, Freiflächen, politische Struktur, Luftverschmutzung, kulturelle Institutionen, etc.
3. 25% - angewendetes Wissenspotential der Bewohner
4. 51% – angewendetes Weisheit der Bewohner
5. 60% - Beziehungs- und Kommunikationsqualität
6. 82% - ausgedrückte Lebensfreude
7. 83% - Anwendungsgrad der Inspirationsimpulse des Stadtengels

Aspekte 1-6 sind alle mit dem Stadtengel verbunden. 1, 3 und 4 sind Eigenschaften des oberen mentalen Bereichs. Die drei unteren beziehen sich auf das konkrete Leben in der Stadt. Wenngleich wir auch die menschlichen Chakras gewisser- massen zu den Heptagrammen zählen können, so sind sie mit Landschaftstempeln etc. nur sehr schlecht vergleichbar. Nr. 7 ist auch das spirituelle Zentrum des Heptagrammes.

C zeigte mir ein universelles Heptagramm, das auf Abstraktionsebene 6 liegt, ohne an sich an einen geographischen Ort gebunden zu sein. Dieses Kooperationsheptagramm dient dazu den gegenwärtigen Kooperationsgrad zwischen Menschen und Geistwesen eines sozialen Organismus zu eruieren. Nebenstehendens Heptagramm ist ‚virtuell'. Die – hier neutrale - Landschaft hat keine konkrete Bedeutung. Für Frankreich haben wir Ende 2018 folgende Werte erhalten, von Nr. 1 – 7: 30 / 16 / 38 / 1 / 0 / 22 / 12. Diese zeigen uns, dass in Frankreich der Kommunikationsgrad zwischen den Welten, wie auch die Benutzung des Weisheitspotentials, nahe O sind. Die Akzeptanz der gegenwärtigen Lebensumstände gegen 16%, was also auf eine grosse Unzufriedenheit schliessen lässt. Für Europa generell erhalten wir Ende 2018: 30 / 42 / 41 / 1 / 9 / 31 / 8. In Diskussionen und Umfragen dürften die Gründe näher ermittelt werden können.

Kooperations-Heptagramm

An allen 7 Orten dieses Kooperations-Heptagramms finden wir **Kyriotetes Engel** (Sphäre 13)* wie auch **Nr. 5 Elementarwesen**. Beide, Kyriotetes wie diese Elementarwesen, helfen beim Gebrauch der Kooperations-Heptagramme. Um die Situation eines Organismus zu ermitteln, kann jedes Feld 1-7 direkt mittels Pendel, Hartmann-Antenne oder dergleichen z.B. nach Prozentwerten abgefragt werden. Das Heptagramm kann bei jedem untersuchten Ort oder Organismus auf einer Karte oder im Gelände gefunden werden. Um die Werte abzufragen, ist dies jedoch nicht notwendig.

3.3. **Naturgeistwesen im weitesten Sinn**

Unter Naturgeistwesen im weitesten Sinn verstehe ich Elementarwesen, Devas, Elfen und Dagdas. Die Landschaftsengel werde ich unter der Engelhierarchie der Natur besprechen.

3.3.1. **Die Elementarwesen**

Elementarwesen sind Naturgeistwesen, die den fünf Elementen zugeordnet sind: Erde, Wasser, Feuer, Luft, Äther/ Raum. Die kleinsten Wesen in dieser Kategorie nennen wir normalerweise Naturgeistwesen im engeren Sinn. Es sind dies die Gnome, Undinen, Salamander und Sylphen. Der Schweizer Arzt Paracelsus (1493-1541) beschrieb sie bereits zu seiner Zeit, wie auch Rudolfs Steiner anfangs 20. Jhdt. und viele andere. Die 5. Art Elementarwesen erscheint erst auf der nächst höheren Stufe und dies erst seit 1993.

Wir können meist nur erahnen, was die konkreten Aufgaben der Elementarwesen wirklich sind. Sehr erhellend zu diesem Thema ist die bei den Flensburger Heften erschienene Serie, die Naturgeistwesen aller Art zu Worte kommen lässt.

In einem Baum sind z.B. zahllose Prozesse im Gang, die es im Gleichgewicht zu halten gilt, sei es die Wasserversorgung, die Verdunstung, die Mikroorganismen, Pilze, Flechten, Käfer, Raupen, Wachstums- und Reifungsprozesse, Düfte, etc. Das Wachstum eines Baumes verlangt auch eine weise Verteilung der neuen Äste bezüglich Licht, Schwerkraft, Wurzelwerk und dem Verhältnis zu den umgebenden anderen Bäumen. Ich muss immer wieder bewundernd stehen bleiben, wenn ich eine kleine Baumgruppe sehe, die ihre äussere Form, wie von Menschenhand geschnitten, völlig harmonisch arrangiert, als wären sie nur ein einziges Baumwesen. Schon ein alleinstehender Nussbaum z.B. schafft eine rundum ausgeglichene Form. Sie zeugt von einem ausgeklügelten, sehr kreativen Sinn für Symmetrie, denn seine Form ist von allen Seiten harmonisch rund obwohl seine Äste anscheinend ziellos in alle Richtungen wachsen.

Viele dieser Prozesse werden über **die vier Äther** und deren Wesen vollzogen. Die Wesen des chemischen Äthers besorgen die Verpflegung der Zellen und die Bewegung der Flüssigkeiten. Der Lichtäther bringt Licht, ätherische und spirituelle Energien zu den verschiedenen Teilen. Lebens- und Wärme-äther wirken im unmittelbaren Umfeld von Pflanzen und Bäumen. So ist der Wärmeäther besonders am Blühen sowie an der Reifung der Früchte und Samen beteiligt. Kürzlich beobachtete ich eine junge Rosskastanie, die neben einer hundertjährigen wächst. Sie weicht der älteren Kastanie in ihrem Wachstum weit aus, indem sie sich dessen mächtigem Ätherfeld anpasst. Der Grund ist nicht der Schatten der alten Dame, denn diese steht nördlich des kleinen Baumes.

Um ihre Aufgabenbereiche etwas besser verstehen zu können unterteile ich die Elementarwesen in 5 Kategorien: kleinste, kleine, mittlere, grosse, sehr grosse Elementarwesen. Diese Grössenangabe bezieht sich unter anderem auf ihren räumlichen und geographischen Wirkungskreis, der von einer einzelnen Pflanze oder einem Baum bis zu riesigen Gebieten z.B. von der Grösse der Schweiz reicht. Die Art ihrer Arbeit bezieht sich nur auf das ihnen eigene Element, also z.B. das Element Erde oder Wasser.

o   die kleinsten: **Gnome, Undinen, Salamander, Sylphen**
Sie arbeiten auf der untersten Ebene, direkt an den Pflanzen. Sie sind lokal an ‚ihre' Pflanze gebunden. An einer Pflanze allein arbeiten zahlreiche Gnome, Undinen, etc. Bei Bäumen sind es eine kaum vorstellbare Anzahl kleinster Elementarwesen. An einer Tulpe z.B. arbeiten laut C 10-12 Gnome, an einem grossen Baum um die 50 Gnome, etwas weniger als 10 Undinen an einer Tulpe und bis zu 125 Undinen an einem grossen Baum.

Die **Gnome** stehen dem Erdelement nahe und beschäftigen sich in der Natur mit dem Wurzelbereich, dem Baumstamm und dessen Rinde, der Assimilation der Nährstoffe des Bodens durch die Pflanzen und Bäume. Sie beschäftigen sich auch mit der Gesundheit der Böden und generell dem Abbau von Erz und anderen Mineralien.

Die **Undinen** gehören dem Wasserelement an. Ihnen
unterstehen die flüssigen Prozesse, also die Wasserzufuhr in die
Pflanze und hoch bis zu den Blättern
der Baumwipfel. Wir können das
Hochsteigen der Baumsäfte
teilweise mit dem Vakuum erklären,
das entsteht, wenn Wasser in den
Blättern verdunstet. Das kann einen
Saugeffekt bewirken. Doch die
Bäume brauchen auch dann
Flüssigkeit, wenn es noch keine
Blätter gibt oder diese im Herbst
bereits abgefallen sind.

Noch ist es schwierig uns vorzustellen, warum Undinen und die
anderen Elementarwesen überhaupt notwendig sind. Es ist mir
ein besonderes Anliegen das Gesagte nicht auf einer
esoterisch-unbegreiflichen Ebene zu belassen. Deshalb
möchte ich erläutern, wie die Arbeit der Undinen im Detail vor
sich geht. Ein Freund, der während 25 Jahren einen biodynamischen Kräutergarten bebaute (siehe Kapitel 6.3), beschreibt
deren Wirken als ein Weben, ein Auf- und Abgehen von
Energiewellen auf ätherisch-energetischer Ebene. Ohne diese
Energiebewegungen ginge nichts, auch nicht in unserem
eigenen Körper. Doch wie geschieht, im Falle der Undinen,
der Übergang von Energiewellen zum physischen Transport
von Flüssigkeiten? C sagt, dass die Metapher des Vakuums
sehr geeignet ist, um diese Vorgänge zu verstehen. Wir müssen
uns allerdings den Schritt vorstellen von einem ätherisch-
energetischen ,Vakuum' zu einem physischen. Hier spielt die
Kapillarwirkung ebenfalls eine Rolle.

Auf ‚Lexikon.Wasser.de finde ich dafür folgende Erklärung:
„Kapillarwirkung nennt man die Eigenschaft von Flüssigkeiten sich in engen Spalten oder Röhrchen verschieden gut auszubreiten. Im Verhältnis zur Masse der Flüssigkeit ist die Grenzfläche in einer Kapillare, also ein Röhrchen mit einem Durchmesser < 1 mm, besonders groß. Wenn die Adhäsion (Haftung an den Wänden) größer als Kohäsion (Zusammenhalt der Wassermoleküle) ist, zieht die Flüssigkeit in der Kapillare hoch. Dies ist zum Beispiel bei Wasser der Fall." Das ist leider wieder eine ausschliesslich physikalische Erklärung. Doch hilft sie uns die Brücke zwischen ätherisch-energetischem und physikalischem Vorgang zu erahnen.

Die Undinen sind auch beim Wachstum der Blätter dabei. Hier sehen wir, dass die Erklärung der Kapillarwirkung nicht mehr ausreicht, auch wenn sie mitwirkt. Bei der Schaffung eines Blattes sind **ätherische Kraftlinien** mit in Betracht zu ziehen (siehe Fotomontage nebenan). C erklärt mir, dass die Kraftlinien ursprünglich ein Phänomen der obersten Schicht des Wärmeäthers sind, die bis ins Detail von den Geistwesen der Form, also die Architekten der Formen (siehe weiter unten in diesem Kapitel unter 7.2.) dort eingebracht werden. (siehe ‚Die Energiefelder des Menschen' S. 28f, Kapitel 1). Die Kraftlinien selber, also die Detailbaupläne, manifestieren sich sodann im Lichtäther. Der Bauplan entfaltet sich schliesslich im chemischen Äther (dem Wasserelement zugehörend). In einer letzten Phase bringt der chemische Äther die Baustoffe für den Blattbildungsprozess mit dem flüssigen Aspekt zusammen.

Bei den Kraftlinien handelt es sich um Lichtlinien die später den Venen des Blattes entsprechen. (siehe die sichtbar gemachten Kraftlinien in der Fotomontage). Die anderen drei kleinen Elementarwesen arbeiten in analoger Weise.

Die **Salamander** gehören zum Feuerelement und beschäftigen sich mit den Reifungsprozessen bis hin zur Frucht und deren Samen. Sie arbeiten im Wärmeäther und zwar in dessen drei inneren Schichten. Deren Aufgaben sind: Wärmezufuhr, Wärmeverteilung, Transformation. Die innerste Schicht des Wärmeäthers sorgt schliesslich für die Informationsübermittlung in die anderen drei Ätherarten.

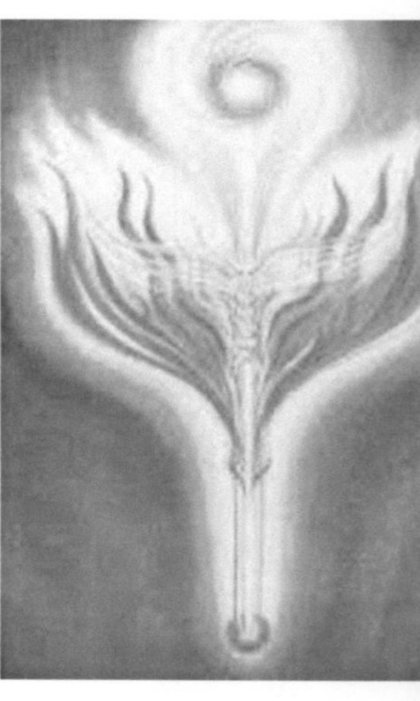

Wir kommen damit zu den **Sylphen**, die Elementarwesen des Luftelementes. Sie kümmern sich z.B. um die Düfte einer Pflanze und die Bewegungen der Luft und dem Wärmeausgleich im unmittelaren Bereich der Pflanze. Ihr Name kommt vom Lateinischen *sylphus*, was soviel heisst wie Genius oder Geist.

Sylphen waren offenbar schon in der keltischen, gallischen und germani-schen Mythologie bekannt. Laut der Webseite ‚Anthrowiki' : ‚leiten sie die Bienen zu den Blüten….. Die Sylphen haben eine feine Empfindung für die feinsten Bewegungen des Luftraumes…. Sie tragen den Lichtäther an die Pflanze heran'.

o   **die ‚kleinen'**:
Auf dieser zweituntersten Ebene finden wir zum ersten Mal die neuen Ele-mentarwe-sen der 5. Art. Sie sind beauftragt worden die Kooperation zwischen Menschen und Natur-geistwesen zu fördern. Auf dem Luftbild nebenan sehen wir den Wirkungs-kreis eines ‚kleinen' **Luftelemen-**

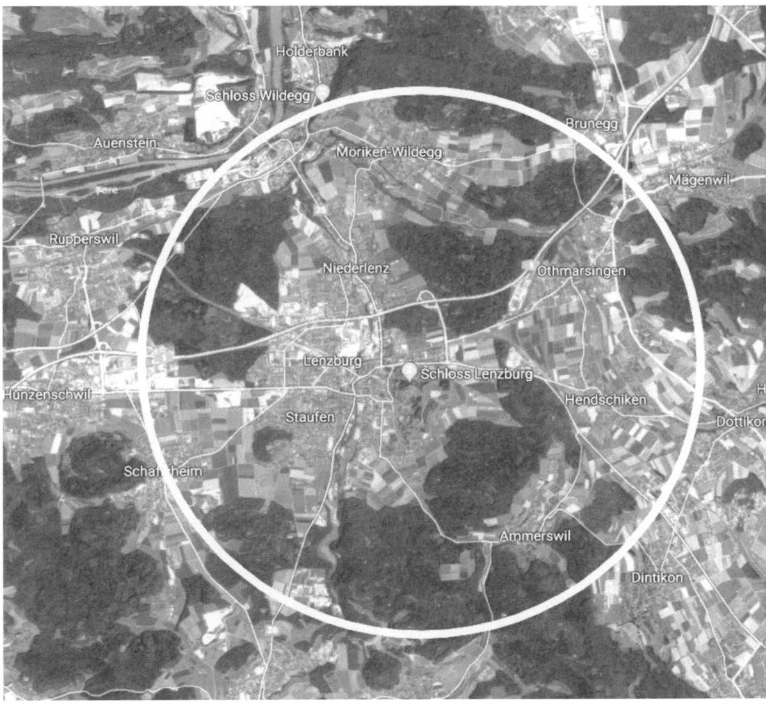

tarwesens auf dem Schloss Lenzburg mit einem Radius von etwa 1000 m. Auf dieser Stufe der ‚kleinen' sind die sonst sehr mobilen Wesen noch relativ ortsansässig.

Die Aufgaben einer Art Elementarwesen ändern sich nicht grundsätzlich von einer Stufe zur anderen. Die Wesen auf einer höheren Stufe haben mehr Erfahrung und mehr Verantwortung als die unteren. Sie haben auch einen grösseren räumlichen Wirkungskreis und Zugang zu Beratern höherer Ordnung.

Auf dem Bild rechts ist ein ‚kleines' **Feuerele-entarwesen** zu sehen, mit seinem Wirkungskreis hier von etwa 500m Radius. Ihm steht im Tälchen, am unteren rechten Kreisrand, eine Deva-Prinzessin als Coach zur Seite. In den nächstfolgenden Stufen sind wiederum alle fünf Arten von Elementarwesen vertreten:

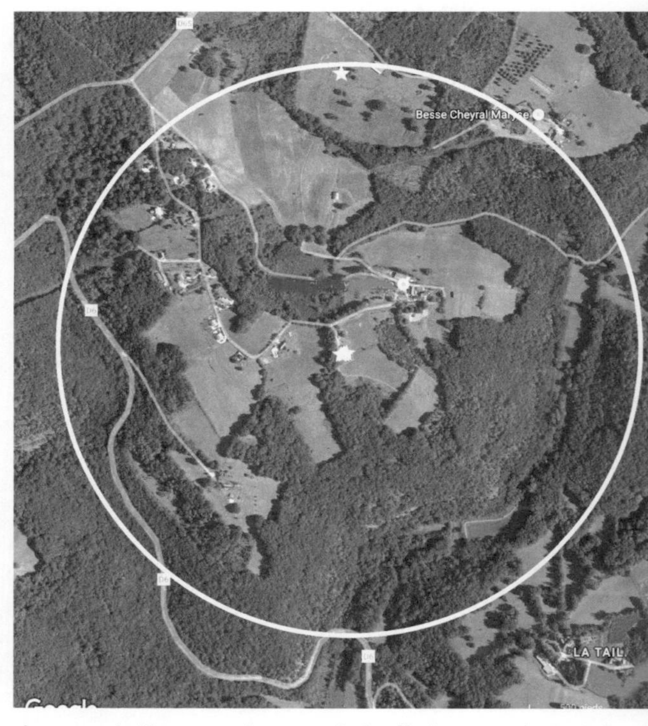

Erdelement, Wasserelement, Feuer-element, Luftelement, 5.Art

- o **die mittleren Elementarwesen**
- o **die Großen**

Vor nicht allzu langer Zeit wurden diese grossen Elementar-wesen noch als Götter oder z.B. ‚Grosses Geistwesen des

Nordwindes' bezeichnet. Die Menschen fühlten sehr wohl, dass sich hinter diesen mächtigen Phänomenen ein Wesen verbarg. Wir müssen uns vorstellen, dass ein einziges grosses Elementarwesen des Feuers z.B. ein sehr grosses Gebiet bedient (rote Kreise). Von den grossen Feuerelementarwesen hätte es 24 in Frankreich.

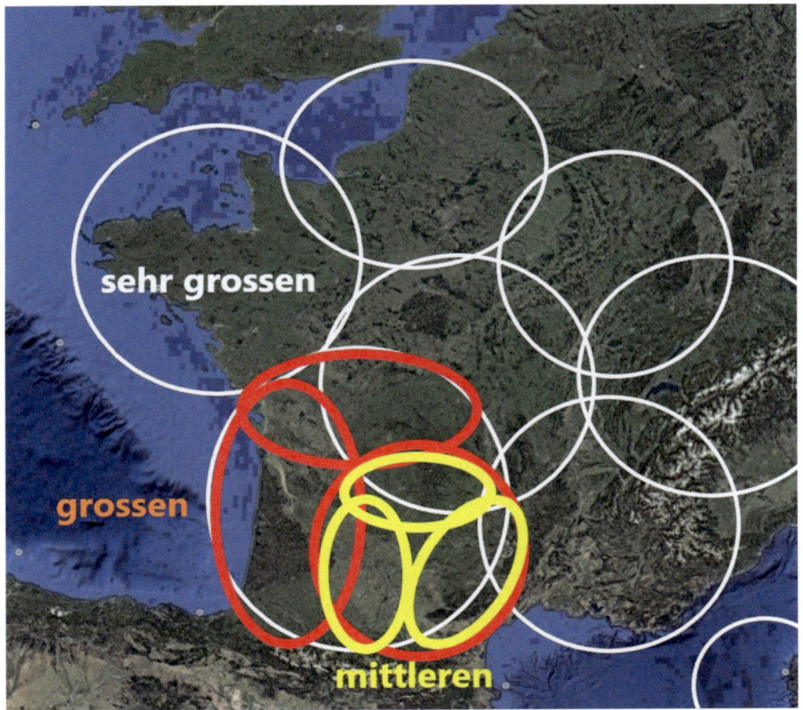

- **die sehr Großen**

Unter 5.1.8. S. 180, ist die Anfrage eines der sehr grossen **Feuerelementarwesen** von Frankreich zu finden. Dieses ist auf der Karte mit dem Kreis in der Mitte verzeichnet und hat seinen Sitz mitten in Orleans. Die Karte zeigt die drei

Kategorien der Feuerelementarwesen mit ihren respektiven Wirkungsgebieten: die mittleren (gelbe Kreise),
die grossen FEW (rote Kreise), die sehr grossen FEW (weisse Kreise). Von den sehr grossen **Erd-Elementarwesen** EEW gibt es 10 in Frankreich (Bild oben) plus eines für Korsika. Sie haben feste Gebiete und Ankerstellen: Pyrenäen, Zentral-massiv, Bretagne, Pariserbecken, Süd-Osten, Normandie, Ardennen, etc. Sie kümmern sich u.a. um die Fruchtbarkeit der Böden, die Bodenerosion, Erdbeben und die Verschmutzung der Erde.

Am 29.11.17 bekomme ich Kontakt zu einem sehr grossen EEW, basiert in Reggio di Calabria. Sein Einflussgebiet deckt Süditalien, reicht bis nach Griechenland und Libyen hinein. Es verfolgt tektonische Bewegungen der afrikanischen und der europäischen Platte, mit den daraus resultierenden Spannun-gen und Gefahren. Ich werde

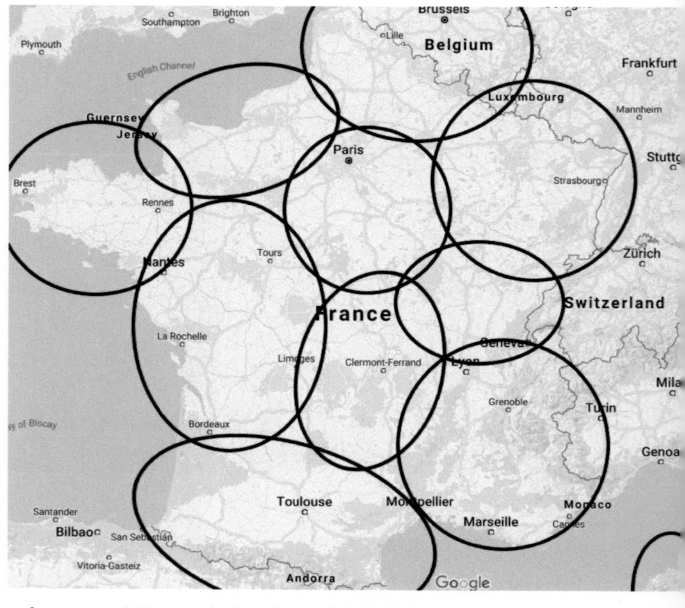

gebeten ein Dreieck vom Wurzelchakra (4.1.2.) zu den ätherischen Erdungspunkten aufzubauen (etwa 50 cm unterhalb der Füsse, siehe Grafik S. 29).

Von den sehr grossen **Wasserelementarwesen** WEW gibt es in Frankreich deren 8. Auf der Karte nebenan sind auch 2 grosse WEW zu sehen. WEW umfassen ganze Flusssysteme mit allen

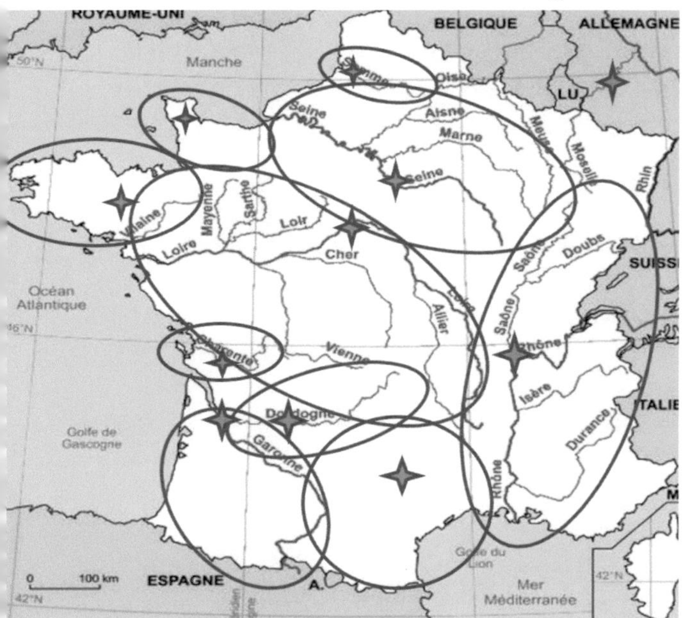

Zuflüssen, Bächen und Seen: Seine, Rhone, Loire, Garonne, Lot, Dordogne, Somme sowie die Bretagne. Die Sterne auf der Karte zeigen die Ankerstellen der respektiven WEW.

Am 13.12.17 meldet sich das sehr grosse WEW des Flusses Lot. Die z.Z. unüblich grossen Regenfälle bewirkten, dass der Lot Fluss kaum je beobachtete

Mengen Erde transportiert. Er braucht Rat ‚von oben'. Ich werde gefragt ein Dreieck vom Hara Chakra entlang der Inspirationslinie zu konstruieren und dazu zu meditieren. Die Inspirationslinien sind Energielinien die uns Inspirationsenergie von ‚oben' zuführen. Sie laufen in unserem Herzchakra zusammen.
5 (siehe Illustration)

Von den sehr grossen **Luftelementarwesen** LEW gibt es offenbar 5 in Frankreich, 1 in der Schweiz, 6 in Deutschland, 3 in Österreich. Sie sind mobil, also ohne feste Ankerstelle. Auf einer Karte könnten wir deshalb nur ihren vorübergehenden Wirkungskreis feststellen. Ihnen obliegen u.a. die Wetterbewegungen, die Düfte der Pflanzenwelt, die Anziehung der Bienen. Sie werden beeinflusst von den Stimmungen ganzer Landstriche; depressive Gesamtstimmungen tragen zu meteorologischen Depressionen oder Tiefdruckgebieten bei.

Es gibt 3 der sehr grossen **Elementarwesen der 5. Art** in Frankreich, 1 in der Schweiz, 2 in Österreich und 3 in Spanien Auch sie sind sehr mobil. Wir können deshalb Ihren Wirkungskreis auf einer Karte nur flüchtig ermitteln. Als ich deren Wirkungskreise und Positionen in Frankreich finden wollte, zeigte eines willig seinen vorübergehenden Platz. Das zweite bewegte sich während meiner Beobachtung laufend von (damals) Zentralfrankreich zur Atlantikküste.

Auf dem Foto aus Eyssal sind sechs Silhouetten von kleinen Elementarwesen der 5. Art eingezeichnet. Ganz hinten (in Grau) sehen wir die Parzellen-Deva dieser Waldlichtung am Waldrand.

Die Elementarwesen

Element	Erde	Wasser	Feuer	Luft	Raum
Die kleinsten Elementar- wesen	**Gnome** Wurzeln, Baumrinde, Erde, Tunnel Gesundheit de Böden, Bergwerke Bohrungen	**Undinen** Säfte, Blätter Stengel, Wasserhahn Wasserleitungen im Haus, Gewässer	**Salamander** Reifungsprozesse Frucht, Samen Flammen Wärmeprozesse Heizungen Elektrische Leitungen, Computer, etc.	**Sylphen** Düfte, Dunst, Nebel, Wolken	**Die Elemen- tarwesen der 5. Art** kommen erst von der nächsthöher en Stufe an vor
Aufgaben der Kleinen bis ganz grossen Elementar- geister	Erdrutsch- gefahren, Entwaldung, tektonische Verschiebung en, Erdbeben	Wassertempera- tur der Ozeane, Verschmutzung, überschwem- mungen, die grossen Strömungen der Ozeane	Elektrizität: Produktion, Verteilung, Verbrauch Feuer, Explosions- motore, Feuerwaffen, Atomkraft, Lichtverschmutz ung nachts	Verschwinden der Insekten und Vögel, Luftverschmutz ung, Bienen, Klimaveränder- ungen, grosse Luftströmungen	Kooperation zwischen Menschen und Naturgeist- wesen. Probleme Industrielle Landwirt- schaft u.a.m.

3.3.2. **Devas**

Die Devas sind ein Volk, das von der Schwarzen Madonna, der Erdmutter, ins Leben gerufen wurde. Devas sind Geistwesen, die zwischen den kleinen Naturelementarwesen und den Landschaftsengeln als Bindeglied funktionieren. Sie sind allerdings weder Engel noch Naturgeistwesen im engeren Sinn. Ich fühle, dass sie eine Art Würde umgibt. Tatsächlich gibt es Devaprinzessinnen, Devaköniginnen und zuoberst in der Hierarchie die Devakaiserin.

Alle Geistwesen erhalten ihre **Ankerstelle** von der Erdgöttin, der Schwarzen Madonna zugeteilt. Auch wenn sie sich vermutlich überallhin bewegen können, so scheint der Ankerplatz immer am selben Ort zu bleiben. Diese Ankerstelle bildet die Brücke zur physischen Dimension.

Die Deva unserer Waldparzelle befindet sich gleich neben dem höchsten Baum. Die Deva unseres kleinen Tales hat ihren Standort unmittelbar neben einer der ersten Quellen des Tales. Das Geistwesen unseres Hauses befindet sich im Raum in der Nähe der Mitte des Hauses.

Wir haben in unserem Wald einen kleinen Teich. Dessen Undine hat ihren Standort etwas links von der Teichmitte. Inmitten eines Kreises von Lilien am Wasserrand thront die Gruppen-Deva dieser Lilien. Der Teich hält sich weitgehend allein im Gleichgewicht mit all seinen Pflanzen, Molchen und Getier aller Art. Wir führen ihm Regenwasser zu und befreien ihn von zuviel Vegetation. Vergleichen wir ihn mit einem Freiluft-Schwimmbecken, das fortlaufend mit Chemikalien versorgt werden muss, damit das Wasser nicht umkippt und grün wird, erahnen wir, wieviel Wissen und Arbeit der Natur für das Gleichgewicht in einem Teich nötig ist. Naturgeistwesen aller Art tragen dazu bei.

Jede Einheit in der Natur scheint je nach Grösse der Aufgabe ihre Deva oder ihren Engel zu haben. Das kleine Tal unterhalb unseres Hauses wird von einer Deva betreut, während das nahegelegene weitaus grössere Vézèretal von einem Engel begleitet wird.

Während Naturgeistwesen und Devas im Wesentlichen der ätherischen Ebene angehören, gehören die Engel der spirituellen Ebene an. Das sind zwei ganz verschiedene Frequenzbereiche.

Jede Waldlichtung, jeder Obst-
garten, jede Hecke, jede An-
sammlung gleichartiger Blumen
am Wegrand, jedes Feld, jede
natürliche Waldparzelle hat ihre
Deva und ihren Umgebungs-
engel. Hier eine Anzahl von
Deva-Arten mit ihren unterschied-
lichen Funktionen:

o **die Triaden**
Ich habe die Existenz dieser
Dreiergruppen von Devas zufällig

entdeckt, als ich eine Kirche in Imperia in Italien besuchte. Mir waren am Tag zuvor in der Kirche der Nachbarstadt Dolcedo unübliche Bodendekorationen aufgefallen. Es stellte sich heraus, dass dies Standorte der vier Elementarwesen waren, die offenbar zur Zeit der Renovation der Kirche von einem

Kirchenvater dazu beauftragt worden waren, je einen Platz in der Kirche einzunehmen. Möglicherweise hat das mit einem

Priester zu tun, der sich dem Beispiel von Franz von Assisi nahe fühlt. Zu Besuch in Imperia, wollte ich wissen, ob es dort ähnliche Zeichnungen am Kirchenboden gab. Ich fand denn auch den Standort eines Gnomes (Kreis auf Foto S. 73). Ein bisschen weiter fand ich zwei kleine Energiesäulen gleich vor den Eingangssäulen der Ballustrade einer Seitenkapelle, die der Jungfrau Maria gewidmet ist. C sagte mir, das seien zwei Devas. Es war das allererste Mal, dass ich Devas in einem Gebäude bemerkte. Erst später, als ich das Foto näher betrachtete, fiel mir die dritte Deva auf, die sich gleich vor dem schwarzen Kerzenhalter befindet.

Ich erinnerte mich daran, dass ich in Montserrat bereits drei Devas im Umkreis der Kapelle der Schwarzen Madonna festgestellt hatte. Jene Devas befinden sich im Freien und umgeben die Kapelle in einer Distanz von ca. 100m. Von jenem Tag an in Imperia fand ich drei Devas um alle Statuen der Madonna, ob sie nun schwarz waren oder nicht. Ich fand sie überall, auch um diese kleine Statue in einem Nachbarweiler in der Dordogne (nächste Seite oben).

Spannend finde ich, dass die Triaden auch um alle alten Statuen der Erdgöttinnen zu finden sind.

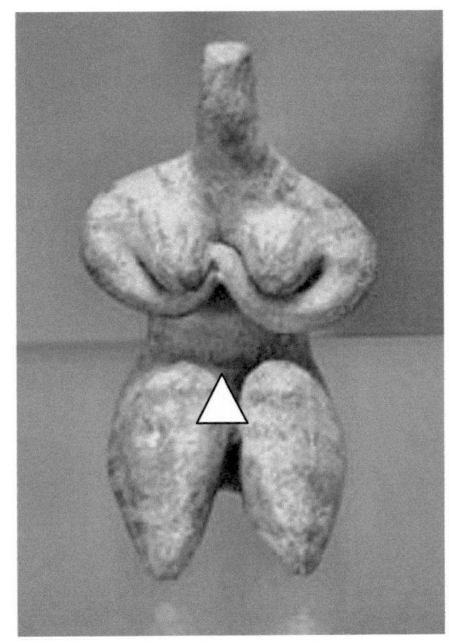

Rechts die Göttin von Samara 5000 Jahre B.C.

Ich finde analoge Triaden um die Statuen und Bilder Christi und um Ikonen (mit der Trinität), sowie um Buddhastatuen (hier mit drei ‚buddhistischen' spirituellen Qualitäten: Mitgefühl, Vergänglichkeit, Achtsamkeit)

Statue der Isis
(altes Ägypten

Auf diesen Fotos, auf denen
der Raum um die Statuetten
herum fehlt, habe ich nur
den Standort der zentralen
Deva angezeigt.

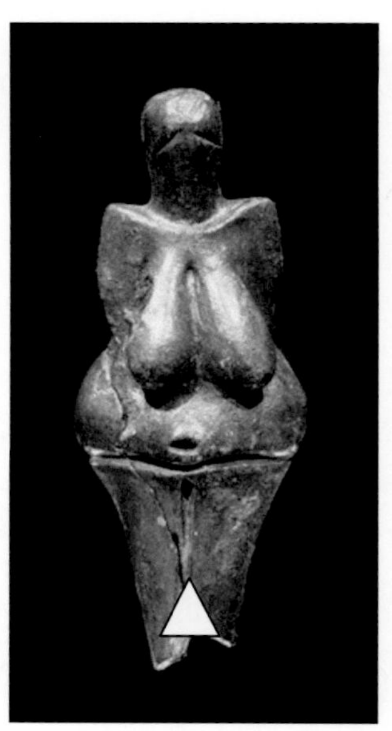

**Die Venus von Dolni
Vestonice, vor 28'000 Jahren**

o   **Baumdevas** sind gewissermassen die Bauführer, die für die Gestaltung und das Wachstum des Baumes zuständig sind. Unter ihnen arbeitet ein Heer von kleinsten Elementarwesen. Mich fasziniert seit vielen Jahren die Schönheit und Persönlichkeit eines Baumes. Dies war mir zuerst bei den einzelstehenden Bäumen in den Parkanlagen Zürichs aufgefallen, wo ich aufgewachsen bin.

Die Baumdevas besitzen ein bewundernswertes Wissen, wie Harmonie und Ausgeglichensein der Form und Verteilung der Äste bewerkstelligt wird. Wenn wir einen Baum zu zeichnen versuchen, erahnen wir, wieviel Weisheit in deren Natur steckt. Jede Baumart hat ihre spezifische Form. Viele davon weisen eine Aussenkante ihrer Krone auf, die wie von Menschenhand geschnitten ist, mit einer Gleichmässigkeit, die uns in Staunen versetzt. Dies kann unmöglich aus einem Samen allein so gestaltet werden; da ist ein Bauführer, ein Künstler am Werk. Mit dem kompliziertesten Computerprogramm könnten wir nicht eine ähnliche Perfektion erreichen. Baumdevas machen das laufend.

o **Pflanzengruppen-Devas**
Ich bemerke inmitten jeder Pflanzengruppe eine Deva. Diese ist spürbar als eine kleine Energiesäule. Diese Devas sorgen für das harmonische Zusammen-leben der einzelnen Pflanzen und stehen den vielen kleinsten Elementarwesen zur Seite, die Wachstum und Leben in den Pflanzen hervorbringen. Rechts die Deva einer Gruppe Zierbüsche, unten die einer Gruppe Waldblumen.

o   **Parzellen-Devas**

Jede Wald-, Wiesen- oder Gartenparzelle scheint ihre Deva zu haben. Sie bildet das Zwischenglied vom Landschaftsengel (mit seinem Kreis von 1 km Radius) zu den Devas von Pflanzengruppen oder Bäumen. Auf einem Sonnenblumenfeld z.B. dürften gleichzeitig eine Parzellen-Deva und eine Sonnenblumen-Gruppendeva zugegen sein. Zahlreiche Parzellen-Devas haben sich bei mir für Fernheilungen gemeldet und ihre täglichen Sorgen geschildert. In Kapitel 5.1.7. sind einige Beispiele aufgeführt.

Die Parzellen-Deva dieser Feuchtwiese in einer Waldlichtung befindet sich am Boden, rechts unterhalb des hängenden schwarzen Astes.

Eine Freundin liess beim Mähen ihrer Wiese einen Kreis mit langem Gras und Wiesenblumen stehen. Wochen später mähte sie das Gras im Kreis und stellte eine Tonkugel in seine Mitte. Wir hatten zuvor festgestellt, dass sie intuitiv den Kreis genau auf die Position der Parzellen-Deva zentriert hatte, auch der Kreis selbst entsprach einem Energiekreis der Deva. Drei weitere kleinere Kreise sind innerhalb der Fläche zu beobachten. Eine Gartengestaltung kann sehr wohl im Einklang mit natürlichen Energiestrukturen und Naturgeistwesen erfolgen.

Alle Parzellen-Devas haben vier konzentrische Energiekreise um sich. Der äusserste entspricht dem Wärmeäther (Element Luft), der zweite dem Lebensäther (Element Erde), der nächste steht im Bezug zum Lichtäther (Element Feuer). Die Deva selber steht innerhalb eines weiteren Kreises, der zum chemischen Äther gehört (Element Wasser). (siehe Illustration)

○ **Devaprinzessinnen**

Ich bin in unserer Nähe zwei Devaprinzessinnen begegnet. Sie strahlen etwas Nobles, Feines, Schönes und Stilles aus und haben einen ausgezeichneten Geschmack für die Wahl ihres immer sehr schön gelegenen Standortes. Sie sagen mir, dass es in jedem Revier eines Landschaftsengels immer eine Deva-Prinzessin gibt. Sie sind die Ansprechpartner für Parzellen-Devas. Von der Deva-Hierarchie kommen eigene Inputs, eher sachlicher Art z.B. zu den Wachstumsfragen von Pflanzen und Revierfragen. Während die Landschaftsengel für die Inspirationen der göttlichen Dimension zuständig sind.

○ **Devaköniginnen**

Es gibt 3 Devaköniginnen in Frankreich, 4 in Deutschland und 1 in der Schweiz. Letztere hat ihren Sitz mitten in den Alpen unweit des Gotthardpasses. Der Südwesten Frankreich hat seine eigene Devakönigin. Sie hat ihren Sitz in den Pyrenäen. Die Deva-Hierarchie trägt die Verantwortung Licht- und Liebeenergie in die Pflanzenwelt herunterzubringen. Sie arbeiten vorwiegend mit dem Lichtäther. Es kommt mir das Gespräch mit Patrice Drai von Eyssal in den Sinn, wie er seine Arbeit der Information der Samen beschreibt. Der erste Teil besteht darin, mit dem Samen in der Hand, sich die vollstän-dige Pflanze vorzustellen. Dies ist die mentale Phase. In einer zweiten Phase bittet er dann die Deva ihre Licht/Liebe-Energie in den Samen

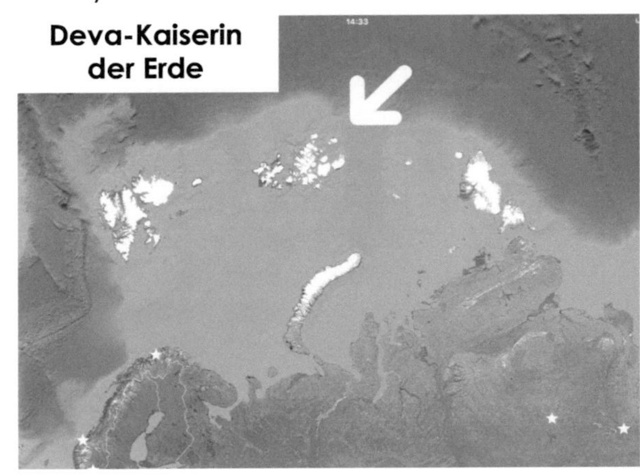

einzubringen. Er erlebt dies als einen intensiven, lichtvollen und tief berührenden Vorgang. (siehe Kapitel 6.2.)

o **Deva-Kaiserin**

Es gibt eine einzige Deva-Kaiserin. Sie hat ihre Ankerstelle im Franz Josef Land nördlich von Russland. (Bild Vorseite)

o **Ein Deva Netzwerk**

Mit Freunden zusammen haben wir vor einigen Jahren ein Netzwerk von Devas entdeckt, das um einen See in der Schweiz tätig ist. Die neun Devas haben ihre Sitze an den Ufern des Sees und sind durch Energielinien miteinander verbunden. Sie haben u.a. zur Aufgabe das Wasser- und Luftsystem zu regulieren. Sie wirken damit hauptsächlich auf der Ebene des chemischen Äthers und des Lichtäthers. Sie funktionieren unabhängig von den Elementarwesen des Sees (Undinen, Sylphen, Gnome). Letztere unterstehen dem See-Engel und dieser seinerseits dem Engel des Flusssystems, zu dem der See gehört.

Durch seine Lage steht dieser See an einer wichtigen Konvergenzstelle von verschiedenen Tälern und Wasserwegen. In der Gegend stossen zudem seit Jahrhunderten verschiedene geistige Einflüsse aufeinander (Kultur, Sprachen, Religion; im Mittelalter waren dies z.B.: Norditalien, Burgund, Deutschland). Die physischen Verkehrswege über die Alpen sind eine Erklärung dafür. Das recht einmalige Devanetzwerk bemüht sich die ätherischen Energien des Ortes im Gleichgewicht zu halten. Dieses Beispiel gibt uns eine Ahnung von der Vernetzung der Aktivität und Einflüsse von Menschen und Geistwesen z.T. über lange Distanzen hinweg.

Die verschiedenen Geistwesen des Erdelementes regulieren den Lebensäther (Gnome, Landschaftsengel, Berggipfelengel). Ich nenne diese Ätherart manchmal auch ‚Alltags-ebens-Äther', um zu unterstreichen, wie hier die Wirkungen unserer Handlungen im Alltag wirken und eingespeichert werden. Durch unsere Alltagshandlungen bestimmen wir, vereinfacht gesagt, wieviel von der Engelenergie auch tatsächlich in das praktische Leben gelangt.

Bei den Geistwesen des Luft- und Wasserelementes wirken wir Menschen auf der Geistesebene mit, also auf der mentalen Ebene, durch unsere geistige Haltung und unsere Denkweise (Verständnis, Glaubensstrukturen, Meditation, Denken, Unterricht, etc.). Dies ist unsere Art, von der Energie auch wirklich Gebrauch zu machen, die durch diesen Teil der Hierarchien zu uns kommt. Es ist unser Beitrag die Liebe- und Lichtenergien auch wirklich in unsere Herzen, Gedanken und Handlungen einfliessen zu lassen.

In den Hierarchien der Geistwesen weiss jedes, was es zu tun hat, und wo es Rat suchen kann. Allen gemeinsam ist, dass sie in unserem Sinne keinen eigenen Willen haben. Falls Natur-geistwesen jedoch missachtet, misshandelt und ungefragt deplaziert werden, können sie rebellieren und die Aufmerk-samkeit auf sich ziehen, alles mit dem Ziel eine gestörte Harmonie wieder herzustellen.

3.3.3. **Dagdas**
Dagda ist der keltisch/irische Name für eine besondere Art Lichtwesen, die mit den Dakinis Indiens und Tibets verwandt sind. Dagdas stammen von einem Gott der irischen Tuatha de Danann ab, dem Dagda, und bilden seither offenbar ein Volk. Im Unterschied zu den ‚weiblichen' Dakinis sind die Dagdas ‚männlich'. Sie wurden von der Schwarzen Madonna um 2004 ins Leben gerufen und können dem Menschen mit Weisheit

und Wissen zur Seite stehen. Beide, Dakinis und Dagdas, unterstehen letztlich dem Cherubim (Sphäre 19, siehe Anhang). Die Dagdas vermeiden stark besiedelte Gebiete. In Frankreich z.B. gibt es heute etwa vier Dutzend Dagdas. Davon befinden sich etwa die Hälfte in der Bretagne, ihr ursprüngliches Rückzugsgebiet, einige in den Pyrenäen und im Zentralmassiv, einzelne in der Dordogne und im Juragebiet. Ich bin einem Dagda im Zusammenhang mit dem Bergkristall begegnet (siehe 6.7. ‚Erd-Heilen mit dem Bergkristall' S. 206). ‚Mein' Dagda teilte mir zu Beginn mit, dass er hier sei, um mir mit Hilfe des Kristalls eine spezielle Art Fernheilung beizubringen.

Von ihm stammen diese Zahlen und Informationen. Dagdas wie Dakinis sind mächtige, weise und sehr unabhängige Geistwesen. Sie besitzen ein grosses Wissen und im Unterschied zu den Engeln einen eigenen Willen. Ihr Wissensgebiet umfasst die gesammelten Erfahrungen der Erdvergangenheit. Ihre Weisheit ist somit vergangenheitsorientiert.

In den bisher drei Phasen der Arbeit mit meinem Kristall war er hauptsächlich in der ersten Phase aktiv, der Fernheilung mit Devas und Landschaftsengeln. In der zweiten Phase, der Fernheilung mit den sehr grossen Elementarwesen, waren es Pegasuswesen (siehe S. 136), die eine Vermittlerrolle einnahmen. In der dritten Phase, der Fernheilung mit den Engeln der Nationen, waren es die Dominationes (Sphäre 16). Einige meiner Studenten haben eine Arbeit mit einem Dagda aufnehmen können, immer in Zusammenhang mit einem Bergkristall. Bergkristalle scheinen diese Art Zusammenarbeit zu erleichtern. Der Dagda dient dabei als Coach und Vermittler. Er besitzt umfassende Kenntnisse zur Funktionsweise der Quarzkristalle.

In einer späteren Phase der Erd-Heilungs-Arbeit kamen Dagdas nur noch sporadisch dazu. Einmal war es einer aus dem Nord-Osten Frankreichs. Er erklärte mir nichts weiteres, bat mich aber den Punkt der Schwarzen Madonna* zu kontaktieren und ein Gebet zu sprechen. Ein anderes Mal kam ein Dagda aus dem Westen Frankreichs. Er wollte, dass ich ihm helfe, indem ich den Inkarnationspunkt* kontaktiere. Ich füge immer ein Gebet hinzu, denn ‚Dein Wille geschehe' und nicht meiner. (* zu den Punkten siehe S. 29)

3.4. **Engelhierarchie in der Natur**

Eine der Engelhierarchien hat die Pflanzenwelt und die Landschaft zur Aufgabe. Wir finden zuunterst die Naturgeister, die z.B. einer Pflanze, einem Baum oder Busch zugeordnet sind. Eine Gruppe z.B. Büsche derselben Art wird oft von einer Gruppen-Deva begleitet. Haben die ihr untergeordneten Buschelementarwesen eine Frage oder ein Problem, so wenden sie sich an ihre Deva. Diese führt ihnen auch göttliche Inspirationen und Anregungen zu, die die Deva ihrerseits von ihrem Umgebungs- oder Landschaftsengel erhält. Diese Hierarchie in der Landschafts- und Pflanzenwelt geht dann weiter vom Landschaftsengel zum Regional-engel, dem Nationalengel, dem Kontinent Engel bis hin zum

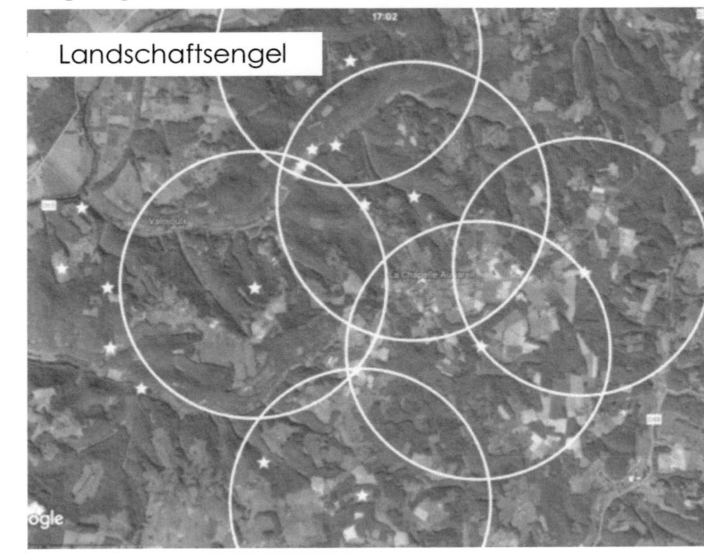

Daniel Perret – ERD-HEILEN

Weltengel. Sie alle haben ihre präzise Ankerstelle für ihre Energiesäule.

3.4.1. **Landschafts-Engel**

Landschaftsengel haben einen Wirkungskreis mit einem Radius von 1 km. Somit gibt es von ihnen in jeder Nachbarschaft eine Menge, auch in Städten. Hier eine Karte mit Landschaftsengeln in unserer Gegend. Die hellen Sternchen sind meistens Parzellen-Devas, denen ich in meiner Arbeit mit dem Kristall begegnet bin. Sie sind in der Natur als Energiekolonnen wahrnehmbar.

3.4.2. **Regional-Engel**

Regionalengel haben einen Wirkungskreis mit einem Radius von 50 km. Sie sind die Coach/Ratgeber aber auch die Vorgesetzten der Landschafts-Engel. Während einiger Monate kamen eine grosse Zahl von Verbindungen zu Regionalengeln zustande. Wir deckten nach und nach ganz Europa ab. (siehe 5.1.9. S. 183f) Sie manifestieren sich in der Landschaft als Energiesäulen mit einer darüberliegenden horizontalen Energiewolke, die sich für unsere Wahrnehmung in einer Höhe von nur etwa hundert Meter über dem Boden ausbreitet. Die Regional-Engel haben einen fixen Standort. Sie überwachen und sorgen für ein Gebiet das etwa 8000 km^2 gross ist. Ein Regionalengel betreut an die 2500 Landschaftsengel und diese wiederum an die 2000 Parzellen-Devas.

3.4.3. **Nationenengel**

Ich habe mich dann auf die Suche nach dem **Engel von Nationen** begeben und fand deren Ankerstellen relativ einfach. Diese befinden sich immer nahe beim geographischen Zentrum des Landes und sind intelligent ausgewählt, oft in der Nähe von Wasser, z.B. zwischen zwei Flussarmen, in einem See oder in einer Flussschlaufe. Es scheinen die aus der jüdischen Tradition bekannten 72 Engel zu sein, die sich um die Nationen kümmern. Da es an die 200 Nationen gibt, muss einer dieser Engel oft zwei oder drei Nationen betreuen. Somalien scheint z.B. denselben Engel zu haben wie Island, Frankreich denselben wie die Slowakei. Faszinierend ist dann zu entdecken, was die Aufgaben dieser Engel sind und wie deren Energie besser heruntergeleitet werden könnte. (siehe auch 5.1.10, S. 185, sowie Karten S. 236f)

Die Aufgaben der Engel von Nationen sind zahlreich. Sie kümmern sich um:

- die Regionalengel und generell um alle Lichtwesen, die auf ihrem Territorium aktiv sind
- die Engel von ethnischen ‚Minderheiten'
- die grossen Fluss-Systeme und Seen mit ihren eigenen Naturgeistwesen
- die angrenzenden Meere
- die Luft-, Berge-, Wasser- und Erdelementarwesen
- den Dialog mit den grossen Elementarwesen betreffend Verschmutzung und Umweltbelastungen aller Art
- die Symbole der Nation: Hymne, Flagge, Denkmäler, Kultur, etc.
- die Sprache(n) des Landes
- den Umgang mit Minderheiten, Armen, etc.
- Beziehung zu den anderen Ländern (Verträge, Kooperation, Vereinbarungen, Freundschaftsbesuche, Flüchtlinge, etc.)
- Stand und Entwicklung der Staatsführung
- die politische Weiterentwicklung (Entwicklungsgrad der Demokratie, Dialoge zwischen Gruppen, etc.)
- die spirituelle Entwicklung des Landes (Religionen, Kultstätten, Entfaltung spiritueller Werte, S. 143 u. 169)

- Empathie, Respekt, Gleichheit, Justizwesen, Frieden
- die wesentlichen menschlichen Werte wie freier Wille, Kreativität
- den Beitrag des Landes zum Weltfrieden, zu Fortschritt, speziell bezüglich des Kontinentes zu dem das Land gehört
- die Bewältigung von Krisen (Arbeitslosigkeit, soziale Unruhen, Depression, kollektive Ängste, spirituelle Blindheit, Entmutigung, Fehlen von Zukunftsvisionen, etc.
- Die Devaköniginnen des Territoriums

3.4.4. **Kontinent Engel**

Über den Nationenengeln finden wir die **supranationalen Engel**, also die Engel von ganzen Kontinenten oder Nationen-gemeinschaften wie Europa, Mittlerer Osten, Afrika, etc.

Der Europaengel befindet sich an der Tschechisch-Deutschen Grenze in der Mitte Europas. (siehe Karte S. 237)

Besonders beeindruckend für mich war es zu verfolgen wie Europa die Energie des **Europa-Engels** in den ereignisschwe-ren Jahren 2015 und 2016 benützte. Europa ist im Jahre 2015 durch verschiedene grössere Krisen gegangen. Dies fing an mit dem Attentat auf die Redaktionsmitglieder von Charlie Hebdo am 3. Januar. Dann kam die Krise mit Griechenland (insbesondere um den 22.2., 11.3., 19.6., 16.7.), dann Mai und Juni die massive Einwanderung von Flüchtlingen über das Mittelmeer, Griechenland und den Balkan nach Deutschland. Auf das Januar-Attentat in Paris folgte die eindrückliche Demonstration von Millionen Menschen in Paris am Sonntag 11. Januar. Dies gab der Energie Europas einen ersten bemerkenswerten Hochflug von über 75% und war stark spürbar. Ich begann damals die Energieschwankungen näher zu verfolgen.

Das Verfolgen der Ereignisse in Europa und wie die Energie
des europäischen Geistwesens verwendet wird ist interessant
und überraschend. Offenbar lösten die erwähnten Krisen in
Regierungen und Bevölkerung grundsätzliche Diskussionen zu
den europäischen Werten aus: ist es z.B. wünschenswert, dass
Griechenland, Spanien, Irland, England die EU verlassen?
Was sind die gemeinsamen europäischen Werte, die es zu
stärken gilt? Betreffend Flüchtlinge: Was nimmt überhand:
Angst oder Mitgefühl?

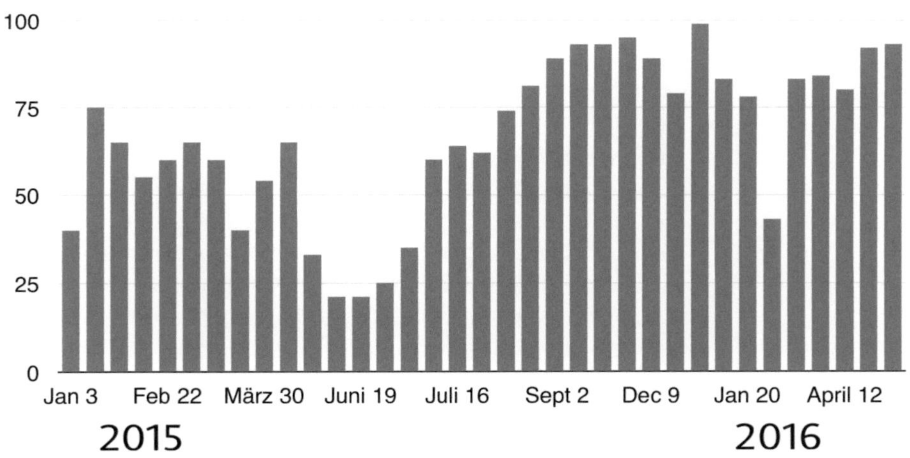

Inspirationsenergie des Europa-Engels
Umsetzungsgrad der Inspirationsenergie des Europa-Engels in
Prozenten (laut C)

Legende zur Grafik:

3 Januar	vor dem Pariser Januar Attentat
11 Januar	Demonstration in Paris nach dem Attentat
22 Februar	Verhandlungen zur Griechenlandkrise
11 März	ein Hoffnungsschimmer zur Griechenlandkrise
24 März	Flugzeugabsturz der Germanwings-Maschine

7 Mai	Die Konservativen gewinnen Wahlen in England, Es ist die Rede von Brexit Referendum
19 Juni	Endspurt zur Griechenlandfrage, Rekordankunft von Migranten nach Europa
16 Juli	Vereinbarung mit Griechenland betreffend Schuldenberg allseits akzeptiert
14.8.	Vereinbarung mit Griechenland ratifiziert Massive Ankunft von Migranten - die Regierungen beginnen zu reagieren
1.9.	über 10'000 Isländer erklären sich bereit Flüchtlinge bei sich aufzunehmen. Ebenfalls Enthusiasmus in Deutschland (Empfang auf Bahnhöfen)
10.10.	Zehntausende strömen jede Woche nach Europa. Anfangs Dezember Dänen, Franzosen (Regional-wahlen) manifestieren Widerstand gegen Migranten
13.11.	die zweiten Pariser-Attentate
12.12.	Cop21 Erfolg der Pariser Klimakonferenz Mitte Januar 2016 die Grenzen entlang der ‚Balkanroute' der Flüchtlinge werden geschlossen
26.2.16	EU Aussenministertreffen ohne Konsensus Die vier Visegrad-Länder verstärken ihre Opposition gegen die Aufnahme von Flüchtlingen
19.3.16	EU-Türkei Abkommen zu den Flüchtlingen Anfangs April erscheinen die ‚Panama-Papiere' zur internationalen Steuerhinterziehung
13.5.16	EU Parlament bremst das Türkei-Abkommen Debatte in Grossbritannien um Brexit-Referendum in vollem Gange
30.6.16	Nach dem Brexit-Referendum 93% ! die positiven Kräfte mobilisieren sich in der EU

Das **Messen des Energieflusses** eines Engelwesens wie desjenigen des Europa-Engels, scheint auf ersten Blick unverständlich. Doch liesse sich dies auch von uns Menschen erarbeiten. Wir sehen z.B. bei Börsen, wie sie von Minute zu Minute sofort auf politische Ereignisse reagieren. Es bedarf nur den Willen und die Suche nach einem Bouquet von Indikatoren, um die Schwingungen des Energieflusses eines Gemeinschaftsengels verfolgen zu können. Seit 1973 erstellt z.B. die EU einen Standard Eurobarometer mit Werten, die jeweils März und November mittels ca. 1000 Interviews per EU-Land ermittelt werden. Diese Werte liegen etwa 10% tiefer als die unsrigen, folgen jedoch denselben Schwankungen.

Die Fläche, die von einem Gemeinschafts-Engel betreut wird, bringt es mit sich, dass die darin befindlichen Menschen, Tiere, Pflanzenwelt irgendwie miteinander verknüpft sind. Sie bilden eine Art Gemeinschaft und haben damit, bis zu einem gewissen Grad, eine gemeinsame Identität und ein kollektives Schicksal. C bestätigt, dass wir in der planetarischen Energie-schicht unserer Aura eine Unterschicht haben, welche die Einflüsse unseres Kontinentes registriert (sh. S. 29).

Dies ist interessant am Beispiel der Engel Nordafrikas. Ein Engel umfasst die Territorien von Libyen, Somalien, Ägypten, Sudan, Südsudan. Ein anderer Tunesien, Algerien, Marokko, Nordmali, Mauretanien und der Westsahara. Letztere scheinen in jüngster Zeit denn auch nicht in dasselbe Chaos zu versinken wie die erste Gruppe. Die Türkei, Libanon, Israel, Jordanien, die arabische Halbinsel, Palästina bilden offenbar wieder eine Gruppe für sich, Syrien, Irak, Iran, Afghanistan, Pakistan eine andere.

3.4.5. **Weltengel**
Der Weltenengel hat im Osten Sibiriens einen relativ ruhigen Standort gefunden. Es lässt mich schmunzeln, wie intelligent diese Wesen ihren Standort aussuchen. Der Weltengel ist der zuoberst in der Reihe der Engelhierarchie in der Natur. Er scheint seine Impulse von Ebene 19 zu erhalten, den Cherubim. Der Weltengel ist seit Beginn der Erde aktiv.

Wir bemerken, dass all diese Engel ihre Impulse ‚von Oben'
erhalten. Doch wer erhält Impulse ‚von Unten' von der
Schwarzen Madonna und Erdgöttin? C antwortet mir: Diese
Impulse kommen von der Deva-Kaiserin, den sehr grossen
Elementarwesen sowie den Dagdas direkt, denn sie haben
niemanden über ihnen ausser der Erdgöttin.

3.5. **Die grundlegenden Energiestrukturen**

*Indem wir uns die sakrale Dimension unserer Landschaft
wieder aneignen,
werden wir wieder zu einem verantwortungsvollen
Mitglied einer Lebensgemeinschaft.*

In diesem Abschnitt möchte ich vor allem auf Energiestrukturen in der Landschaft eingehen. Das Thema ist sehr weit,
doch werde ich mich auf diejenigen Strukturen beschränken,
über die bis heute nur wenig geschrieben wurde. Die
metallischen Energieströme (französisch ‚réseaux métalli-
ques'), die im Wesentlichen unterhalb der Erdoberfläche
zirkulieren sowie die astralen Energiegitter haben andere
ausführlich erforscht und beschrieben. Ich kenne mich bei
diesen nur wenig aus, und werde sie hier deshalb weitgehend
auslassen. Ich beschränke mich im Folgenden auf horizontale
Strukturen. Diese besitzen jedoch oft auch vertikale
Energiesäulen in ihrem Zentrum.

Meine Zusammenarbeit mit C scheint mitunter dazu zu dienen,
uns auf neue, für unsere Zeit notwendigen Aspekte und
Energiestrukturen aufmerksam zu machen. Offenbar ist die Zeit
reif uns von den unteren ätherischen Schichten des chemischen Äthers und des Lichtäthers nun höheren Energieschichten zuzuwenden, die lange vernachlässigt wurden oder wenig
bekannt waren. Der Schwerpunkt verlagert sich damit weg

von ev. pathogenen Einflüssen, mit denen sich die Radiästhesie der Häuser beschäftigt, zu einer spirituellen Geomantie hin.

3.5.1. **Die Energiekreise in der Natur**

Kreise sind symbolisch Einflusskreise, Schutzkreise, sie sind auch Zirkulation ohne Anfang und Ende. Sie weisen auf ihre Mitte hin, dem Wesentlichen. Teile eines Kreises fühlender Wesen zu sein, ist auch dessen gleichwertiges Mitglied zu sein. Energie-Kreise transzendieren die Zeit. Insbesondere die Thronenkreise bringen uns eine Dimension der Unendlichkeit, der zeitlosen Segnung und Ausstrahlung eines hohen Engelwesens.

o   **Kreise von Elementarwesen**

Die drei grössten Kategorien von Elementarwesen besitzen je einen Energiekreis, der sie umgibt. Das Luftelementar-wesen auf dem Hügel der Lenzburg hat einen Kreis mit einem Radius von 800m, das Wasser-elementarwesen in Alaise/Eternoz von 2000m, das Wasser-elementarwesen des grossen Beckens der Tuilleriegärten von Paris einen Radius

von 8 km. Die ersten beiden sind kleine oder lokale Elementarwesen, das letzere ein mittelgrosses

Elementarwesen. Hier nochmals die Karte mit den Feuerelementarwesen Frankreichs:

o   **Kreise von Thronen-Engeln**

Throne sind hohe Engelwesen (Sphäre 18, siehe Liste der Engelhierarchie im Anhang). Sie werden als ‚Geister des göttlichen Willens' bezeichnet. Ich bin ihnen im Laufe meiner Erkundungen mehrmals begegnet, nicht ihnen ‚in Person' doch in Bezug auf ihre Funktion. Ich erlebe sie als mächtige Autoritäten. Ihre Worte sind wie in Stein gemeisselt. Sie bringen Struktur.

Eine ihrer grundlegenden Strukturen sind die konzentrischen Thronenkreise, die sie zu Beginn der Welt um künftige, potentielle heilige Orte herum schufen. Die heiligen Orte erster Ordnung besitzen deren vier, diejenigen zweiter Ordnung drei Energiekreise. Diese sind auf Karten und

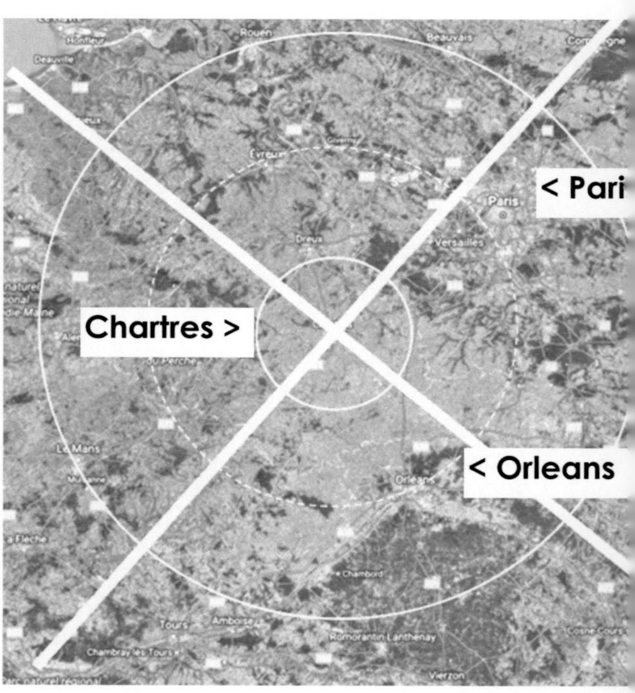

Notre Dame de Chartres

in der Natur feststellbar. Ich hatte die ersten um Montserrat bei Barcelona herum entdeckt. Der äusserste Thronenkreis kann über hundert km weit weg vom heiligen Ort liegen. Auf der Karte oben sind die äusseren zwei der vier Thronenkreise von Chartres zu sehen (durchgehende Linien). Der äusserste reicht bis weit jenseits von Paris z.B., mit einem Radius von ca. 120 km.

o **Druidische Schulungskreise**

Spannend finde ich die Existenz der drei druidischen Kreise um gegenwärtige oder vergangene Schulungsorte, an denen, so vermute ich, in der Tradition der ‚Drei Welten' oder ‚Drei Initiationsstufen' unterrichtet wurde. Im Laufe der Erkundung bedeutender heiliger Orte, und danach auch um die orientierten Kirchen, bin ich zuerst bei Vézelay in Ostfrankreich auf diese drei Kreise gestossen, die sich weder den Thronen-Engeln noch einem anderen Geistwesen zuordnen liessen. Vézelay mit seiner Basilika ist einer der grossen heiligen Orte Frankreichs. Er befindet sich auf einem kleinen runden Hügel. Es stellte sich heraus, dass die drei Kreise (die vier Thronen-reise um Vézelay nicht mitgerechnet) druidische Kreise waren.

Das Vorhandensein der sich in Vézelay kreuzenden Linien des Gitters Nr. 6 unterstreicht diese Möglichkeit. C sagt mir die Unterweisung der drei druidischen Schulungsphasen geschah in Vézelay von 566-544 B.C. Wir finden diese Periode von 22 Jahren an vielen anderen druidischen Unterrichtsorten. Jede Phase dauerte 7 Jahre. Das erste Jahr war der Suche und Prüfung von Studenten gewidmet. Die Unterweisung begann im zweiten Jahr.

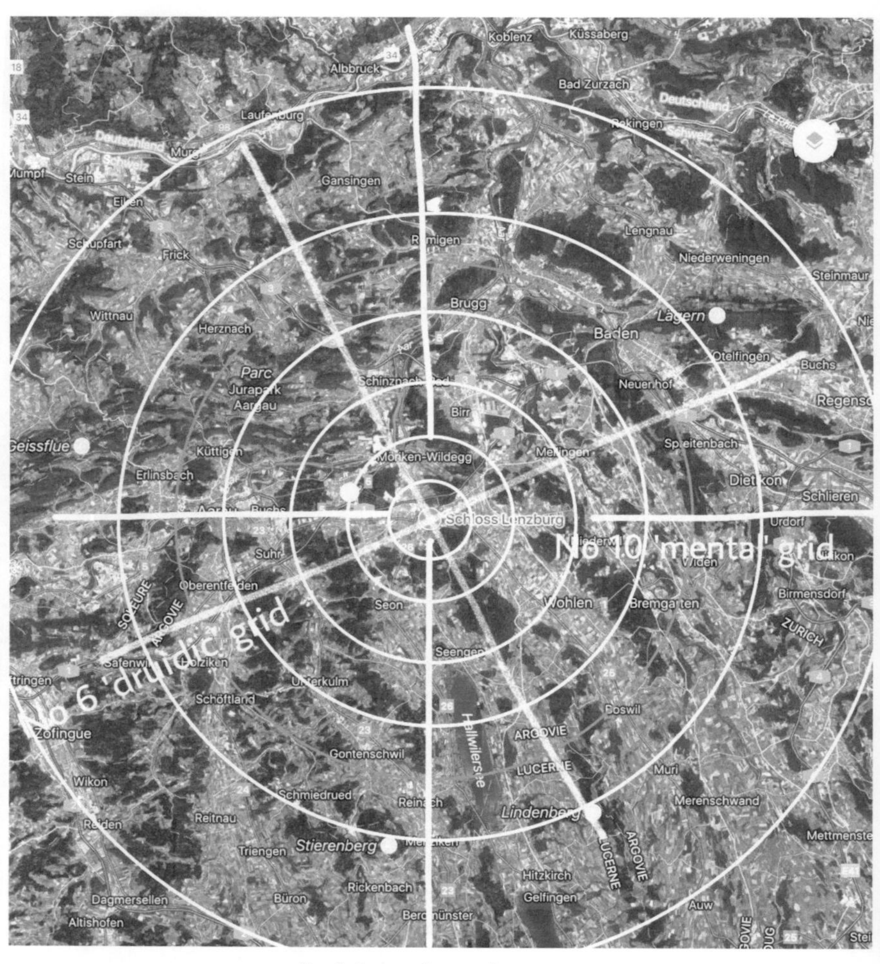

Schloss Lenzburg
Mit Gittern Nr 6 und 10

Bild Vorseite: Schlosshügel Lenzburg
Die inneren drei Kreise sind druidische Initiationskreise.
Der vierte Kreis ist derjenige des Luftelementarwesens,
die beiden äusseren sind Thronenkreise.

Ich beschreibe in meinem Buch ,L'Accès aux Mondes
invisibles' wie diese Unterweisungen vom alten Ägypten über
die Mysterienschule von Eleusis nach Alesia in Ostfrankreich
kamen. Alesia ist wortverwandt mit Eleusis und die Geschichte,
die beide Orte verbindet, ist höchst spannend. [7] Von dort
verbreiteten sie sich über Westeuropa.

Will man Aristoteles Glauben schenken, so wurde den
Initiierten von Eleusis kein Buch-Wissen vermittelt. Sie sollten viel
mehr Eindrücke erhalten und in gewisse Erlebnis-Situationen
versetzt werden, nachdem sie ordentlich darauf vorbereitet
worden waren. Die Schulung war nach meiner Erfahrung nur
insofern geheim, als über ein derartiges Lernprogramm, das
auf Erlebnissen beruht, kaum etwas erzählt werden kann. Man
musste es selber durchleben.
Die drei Unterrichts- oder Initiationsphasen bestehen darin:

1. Kreis – Liebe zur sichtbaren Welt, d.h. im Wesentlichen das
Akzeptieren seiner eigenen Lebensumstände, seiner
Lebensgrundlagen (karmische, erbliche, psychologische). Das
entspricht der Arbeit an den unteren drei Chakras.

2. Kreis – Liebe zur unsichtbaren Welt. Dies kann nur über die
Öffnung des Herzchakras erfolgen und ist das Resultat der
Transformation der Energien und Themen der unteren drei
Chakras. Die Begegnung mit den Wesen der unsichtbaren
Welt ist eine Herzenssache. Sie kann nur gewaltlos und ohne
Ego erfolgen.

3. Kreis - Begegnung mit der Schwarzen Madonna, der Dea Mater. Dies ist hauptsächlich eine Arbeit an den oberen drei Chakras und entspricht im Wesentlichen dem Erreichen eines gedankenfreien, konzeptfreien Bewusstseinszustand. Denn erst in diesem Zustand des ‚jungfräulichen Schwarzen' sind wir wirklich offen für neue Impulse und kreative Gedanken.

Einige druidische/eleusische Schulungsorte verzeichnen nur zwei Kreise. Der innerste fehlt energetisch. Höchstwahrscheinlich wurde an jenen Orten die dritte Initiationsstufe nicht unterrichtet. Ich fand die drei Kreise auch bei einigen Unterrichtszentren der Gegenwart energetisch auf Google Maps wieder. Die Qualität dieser drei Initiationsebenen scheint mir zeitlos. Sie ist heute noch in ihrer Einfachheit und Natürlichkeit von grundlegender Aktualität.

Bildlegende: Eleusis und seine Einflusskreise über die Jahrhunderte. Am weitesten war dieser im ersten Jahr-hundert vor Christus. Im 5. Jhdt. A.D. war der Einfluss bereits kleiner und schrumpfte im 18. Jhdt. zu seinem Minimum um im 20. Jhdt wieder zuzunehmen

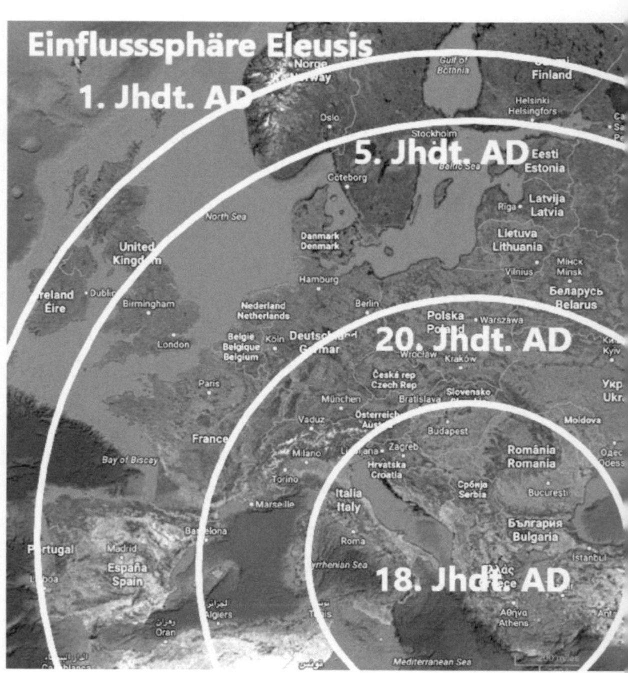

o **Einflusskreise grosser Zivilisationen**

Die weitesten Kreise, die ich beobachte, sind die Einflusszonen grosser, meist vergangener Kulturen z.B.: Luxor/Altägypten, Istanbul, Dall/Triquet Island CND, Flat Mountain der Navajo Indianer USA, Ur der sumerischen Zivilisation, Eleusis, Jerusalem, Lhassa, Beijing, Atlantis. Im Falle von Eleusis erhielt ich von C, auf meine Frage hin, wie sich der Einflusskreis Eleusis' über die Zeit hin entwickelt habe, folgende Antwort, hier in der Karte aufgezeichnet:

o **Sternkreise**

In der Geomantie sind Sternpunkte bekannt, vielleicht vor allem in Frank-reich unter der Bezeichnung ‚points étoiles'. Das sind kosmisch/tellurische Energiesäulen, die drei bis fünf spiral-förmige Arme besitzen. Diese Arme können zwischen einem und sieben Meter lang sein. Länge und Anzahl der Arme hängt von der Energiestärke der Säulen ab. Laut C befinden sich 58% dieser Energiesäulen auf den zwei übereinander liegenden Kreuzungspunkten eines Hartmann- und eines Currygitters. 98% der k/t-Energiesäulen sind Sternpunkte. Die Ankerungsorte der Landschaftsengel bilden die übrigen 2% der k/t-Energiesäulen. Diese Säulen verteilen Energie in die Schicht des Lebensäthers hinein, also diejenige Schicht, welche die erste oberirdische Schicht bildet. Der Wärmeäther liegt über dieser Schicht. Chemischer Äther und Lichtäther liegen im Wesentlichen unter der Erdoberfläche.

Die Energie dieser Säulen ist meistens zu kräftig um sie direkt an häufig besuchten Orten zu haben: Bett, Schreibtisch oder dergleichen. Man tut deshalb gut daran sie z.B. an eine abgelegene Stelle im Garten oder auf die Strasse zu verset-zen. Dies lässt sich zum Glück verblüffend leicht machen. Am besten fragt man sie und gibt ihr Bescheid, dass wir sie gerne

versetzen wollen. Man umfasst sie mit beiden Armen und begleitet sie an die geplante Stelle. Ein Freund von mir zeigte uns dies anlässlich eines Einführungs kurses. Er liess uns im Garten in Reih und Glied aufstellen, jeder mit seiner Hartmann-Antenne in der Hand. Eine Kursteilnehmerin versetzte die Säule von links nach rechts, worauf alle Antennen zugleich von links nach rechts schwenkten und ihr folgten.

Diese Energiesälen haben oft einen Rhythmus: zwei Stunden mit aufsteigender Energie, dann zwei Stunden mit absteigender Energie. Die tellurgische (von der Erde her kommenden) Energie kommt aus dem chemischen Äther, die kosmische (vom Himmel her kommende) Energie aus der äussersten Schicht des Wärmeäthers (auch Reflektoräther genannt). Diese Schicht ist eine Schnittstelle zu sehr hohen Energien, die ‚von oben' kommen.

Es gibt im Durchschnitt etwa 125 Sternpunkte per Quadratkilometer. Je mehr Sternpunkte ein Ort hat, desto mehr ist er mit Energie geladen. Ich habe Orte gefunden, in denen Menschen Sternpunkte auf bestehende Energiekreise in regelmässigen Abständen angeordnet haben, um z.B. einen stark besuchten Ort (wie Rocamadour) von ihren störenden Einflüssen zu befreien. Solche Sternkreise sind damit ein Zeugnis früherer menschlicher Interventionen.

- **Kreise menschlicher Aktivitäten**

Spezielle Rituale können Energiekreise um einen Ort entstehen lassen. Wir haben das bei den Druidenkreisen gesehen und teilweise auch bei den Sternkreisen. Ein weiteres Beispiel ist unter 3.6.5. S. 125 zu sehen bei den Stupas von Chanteloube.

- **Weitere Kreise**

An einem von Thronen errichteten heiligen Ort habe ich, ausser den hier beschriebenen Kreisen, im Ganzen 19 Kreise gefunden. Der weiteste von ihnen umfasst ganz Frankreich und dürfte vor langer Zeit der maximale Einflusskreis dieses Ortes in der Dordogne gewesen

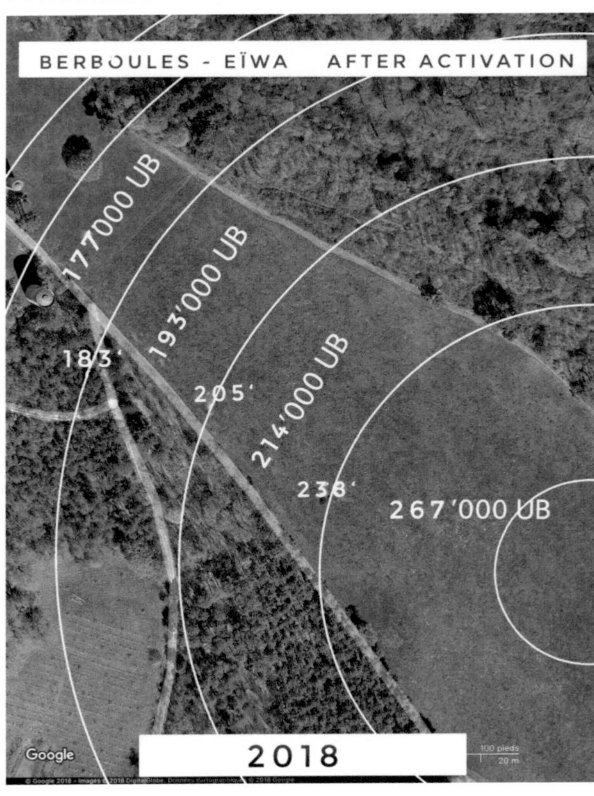

sein. Alle auf dem Foto abgebildeten Kreise gehören zu den 19 Kreisen. Jede Linie eines Energiekreises ist um die 30 cm breit und gut spürbar am Ort. Die Zahlen geben die Energieniveaus an nach der Aktivierung des Ortes. Der innerste Kreis auf dem Foto dient als Standort für die vier Königinnen. (siehe Abschnitt 3.6.4. S. 123)

Das Phänomen der Kreise ist uns viel näher, als wir denken. Siehe S. 168 das Beispiel in einem Garten mit einer Parzellen-Deva und ihren vier konzentrischen Kreisen.

3.5.2. die 12 Energiegitter der Erde

Die Erde ist umgeben von mehreren Energiegittern. Einige davon haben Energielinien, die sich in einem rechten Winkel kreuzen. Die Schnittstellen bilden Energie-Kreuze. Kreuze sind symbolisch gesehen Struktur. Sie wurden von der Erdmutter initiiert und transzendieren die räumliche Dimension, wohingegen Energiekreise die zeitliche Dimension transzendieren. Diese Energiegitter bringen und verteilen Energie. Die ätherischen Gitter Nr. 1-8 haben u.a. auch eine

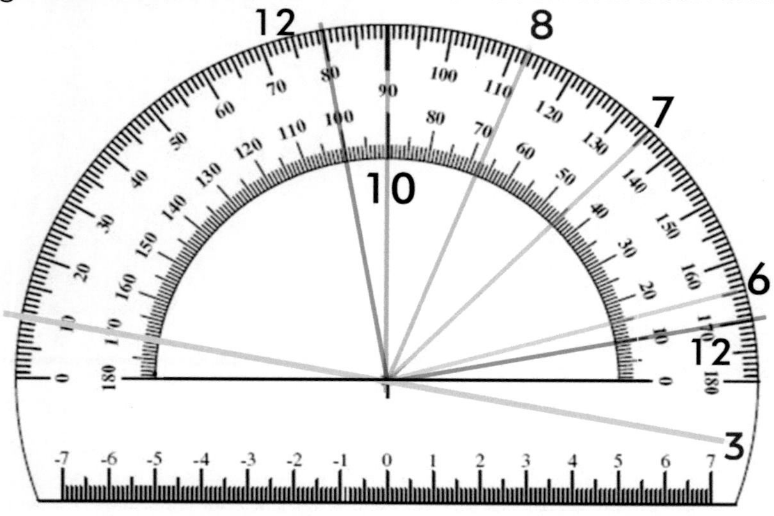

Daniel Perret – ERD-HEILEN

Schutzfunktion für die Erde.

Bekannt sind die beiden erdüberdeckenden Energiegitter Hartmann und Curry. Ab und zu bin ich auf den Namen eines dritten Gitters gestossen. Doch diese Namen und Definitionen waren, je nach Autor, nicht einheitlich. Die Hartmann- und Curry-Gitter sind engmaschig und können auf dem Zimmerboden oder in der Natur leicht gespürt werden. Sie besitzen eine relativ tiefe Frequenz, d.h. sie sind relativ nahe bei der Frequenz der physischen Materie.

Eines Tages meldete sich die Parzellen-Deva des Nachbargrundstückes. Das erfolgte zu Beginn der Heilungsarbeit mit dem Kristall (siehe 6.7. S. 208). Sie beklagte sich, dass die Arbeiten der Elektrizitätsgesellschaft am Transformator an der Strassenkreuzung sie störten. Ich war erstaunt, dass diese Arbeiten in über 100 m Distanz sie beeinträchtigen sollten. Doch ging ich der Sache nach und entdeckte eine mir unbekannte Energielinie, die tatsächlich vom Transformator über ihren Stammplatz hindurch weiter zog. Von deren Winkel wusste ich gleich, dass es weder eine Hartmann- noch eine Currylinie war. Ich fragte nach und erhielt die Antwort, dass es sich um eine andere Art Energiegitter handle. Ich fragte weiter, wieviele Energiegitter es denn gäbe: „12" kam die Antwort. Dies führte mich schliesslich zur Entdeckung der 12 Gitter (Siehe Schema weiter unten (S. 114).

Die Möglichkeit heutzutage mit Google Maps jeden beliebigen Platz auf der Erde aufsuchen zu können war ausschlaggebend um z.B. die Orientierung der Sakralbauten zu bemerken. Erst als ich mehr als 10 Kirchen in der Dordogne gefunden hatte, die alle genau nach dem Gitter Nr. 6 orientiert waren, wurde ich hellhörig.

Seither habe ich Hunderte orientierter Kirchen und Bauten entdeckt und mit der Hilfe von Google maps fotografiert. Das Ausschlaggebende war nicht die Orientierung der Kirche allein, sondern, dass dieser Bau auf einem Energiekreuz lag und genau nach diesen Energielinien orientiert und gebaut worden war. Bei jeder energetisch orientierten Kathedrale liegt das Kreuzschiff genau auf der rechtwinkligen Energielinie zum Hauptschiff. Da war jeglicher Zufall ausgeschlos-sen. Ich musste die Entdeckung ernst nehmen.

Bild rechts: **Kathedrale Freiburg** (CH) liegt auf einem Kreuzungsstelle des Gitters Nr. 8 und ist nach diesem orientiert. Die Orientierung folgt nicht dem Flusslauf und auch keiner städtebaulichen Struktur. Sie kann der einen oder anderen Linie folgen, bei Gitter Nr 8: +68° oder hier in Freiburg -22°

Die Energiegitter
Orientierung,
Funktion und
Geschichte

- **Hartmann-Gitter
  Nr. 1**
  Orientierung
  0°/90°

Dies ist das älteste
und bekannteste
der Energiegitter.
Weil seine Frequenz
so tief liegt, ist es
auch am leichtesten
fühlbar. Es gehört
dem Lichtäther an
und wurde vor
42'000 Jahren zur

Orientierung von sakralen Bauten verwendet. Offenbar war
und ist die generelle Ausrichtung von Sakralbauten immer
gegen Osten zum Sonnenaufgang hin.

- **Curry-Gitter Nr. 2**   Orientierung   45°

Das Currygitter ist ebenfalls bestens bekannt. Seine Frequenz
ist relativ tief und deshalb auch gut fühlbar. Es gehört
ebenfalls dem Lichtäther an und wurde im Wesentlichen von
40'000 bis 4'000 Jahren B.C. zur Orientierung von sakralen
Bauten verwendet.

- **Gitter der Steinzeit Nr. 3**   Orientierung   − 10°

Dieses Gitter gehört ebenfalls dem Lichtäther an. Es wurde
von 4'000 bis 2'200 vor Christus zur Orientierung von sakralen

Daniel Perret – ERD-HEILEN

Bauten verwendet. Seine Verwendung endete mit dem Übergang zur Bronzezeit. Die Kathedrale von Magdeburg z.B. wurde offenbar auf der Stelle eines sakralen Bau der Steinzeit errichtet. Sie hat die Orientierung des Gitters 3 beibehalten. Das nahe gelegene Kreuz des Gitters 8 war dafür unbrauchbar, da es im Fluss lokalisiert ist.

o **Gitter Nr. 4 und 5**

Vor 4'200 Jahren kam mit der Bronzezeit in Europa eine enorme Veränderung in Gang. Die zwei Gitter 4 und 5 wurden womöglich nur während einer kurzen Periode als Orientierung verwendet. Das Energieniveau der Erde wurde innerhalb kurzer Zeit mehrmals angehoben und damit mussten andere Gitter aktiviert werden. Ich habe bis heute auch kaum Bauten gefunden, die nach diesen beiden Gittern orientiert sind.

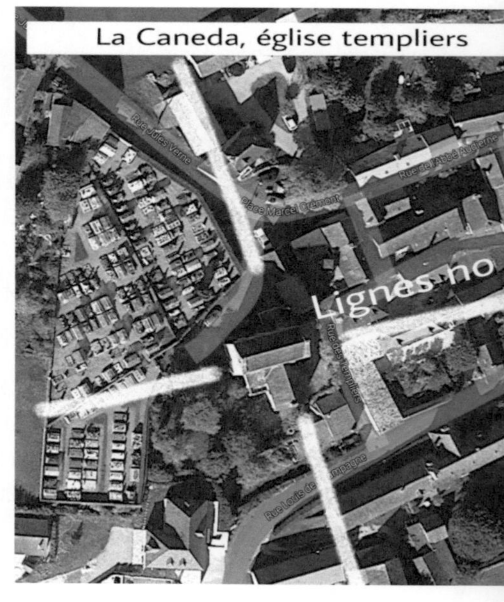

o **Gitter der Bronzezeit Nr. 6**
Orientierung + 15°
Mit dem Übergang zur Bronzezeit, vor 4'200 Jahren kam dieses Gitter in Funktion. Es hat eine deutlich höhere Frequenz. Man muss sich vorstellen, dass die Gitter 1-8 seit jeher präsent waren. Doch wurden sie erst nach und nach ins Bewusstsein der Menschen eingeführt. Möglicherweise weil das Energiefeld der Erde auf ein höheres Niveau gehoben wurde. Um 2'200 B.C. scheint eine enorme

Umwälzung stattgefunden zu haben. Das Sumererreich ging damals unter wie auch die alte ägyptische Dynastie. Stonehenge wurde gebaut. Die Einführung der Bronze bringt effizientere Waffen und aktivierte zudem völlig neue Handelswege. C bestätigt, dass dies auch den Übergang vom Matriarchat zum Patriarchat beschleunigte.

Das Bronzezeit-Gitter blieb bis um das Jahr 850 A.D. in Funktion. Die meisten alten Kultbauten stammen aus dieser relativ langen Periode von ungefähr 3000 Jahren. Interessanterweise respektierten die später an denselben Orten errichteten Kultbauten und Kirchen die alte Orientierung der darunter liegenden Tempel und frühchristlichen Kirchen. Um das Jahr 500 B.C. begann das Eisenzeitalter. Dies ist auch die Zeit der Hochblüte der druidischen Kultur in Europa.

o **Das Jahrtausend-Gitter Nr. 7**   Orientierung + 44°/-46°
Um das Jahr 850 war das Ende der Eisenzeit, die um 500 B.C. begonnen hatte. Dieses Gitter scheint von 850-1050 A.D. zur Orientierung vor allem von Kirchenbauten gebraucht worden zu sein. Allerdings finde ich es auch an anderen Orten, so im Krindenhubel am Thunersee oder dem Ring of Brodgar auf den Orkney Inseln. Beides sind heilige Orte, die in der vorchristlichen Zeit ihren Höhepunkt hatten. In Brodgar finden wir wohl auch ein Nr. 3 Gitter, das mit der Blütezeit von Brodgar übereinstimmt, doch warum das Gitter Nr. 7? Wir müssen uns daran erinnern, so C, dass alle Gitter, also auch das Nr. 7 bereits am Ort waren, doch erst zu ‚ihrer' Periode ins Bewusstsein der Menschen gelangten.

Das Gitter Nr. 7 erscheint mir als ein Übergangsgitter, wie vor ihm die Gitter Nr. 4 und 5. Im 10. Jahrhundert wurden entscheidende Grundlagen für das Europa der kommenden Jahrhunderte gelegt. Im 11. Jahrhundert waren die Veränderungen in

Europa so weitreichend, dass Historiker in der Mitte dieses Jahrhunderts den Übergang vom Frühmittelalter zum Hochmittelalter sehen. Denn nach dem Gitter 7 übernahm das Gitter 8 die Funktion der Orientierung. Dieses Gitter 8 dauert heute noch an, obwohl das Wissen um dessen Funktion weitgehend verloren gegangen ist.

Dazu einige Gedanken aus Wikipedia: „… Im abendländischen Europa des 11. Jahrhunderts wurde die Geldwirtschaft stetig bedeutender. Der durch den expandierenden Binnenhandel steigende Bedarf an Münzen wurde durch neu erschlossene Silberminen befriedigt. Auch die Eisenproduktion erhöhte sich deutlich. Die Einführung des horizontalen Webrahmens verhalf dem Textilhandwerk in Flandern und der Champagne zu bisher unbekannter Produktivität. Ferner führte der **Boom im Kirchenbau** zu einem Aufschwung des Bauhandwerkes. .....Gefördert von der kirchlichen Reformbewegung sowie begünstigt durch den wirtschaftlichen Aufschwung und die relative politische Stabilität setzte im Abendland ein Bauboom von Steinkirchen ein."

„Die Angst vor dem Jahrtausendwechsel ist vorüber. Die Invasionen der Vikinger und Slawen sind abgeschlossen. Mit der Verbesserung der landwirtschaftlichen Geräte, verbessert sich die Produktivität. Die Diözesen bereichern sich. Die Steuern bringen den Bischöfen viel Geld, das sie für den Bau der Kathedralen einsetzen. Innerhalb zweier Jahrhunderte wurden in Frankreich z.B. 80 Kathedralen und 500 grosse Kirchen errichtet."   (www.grand-val.org, Übersetzung D.P.)

Kloster St. Gallen

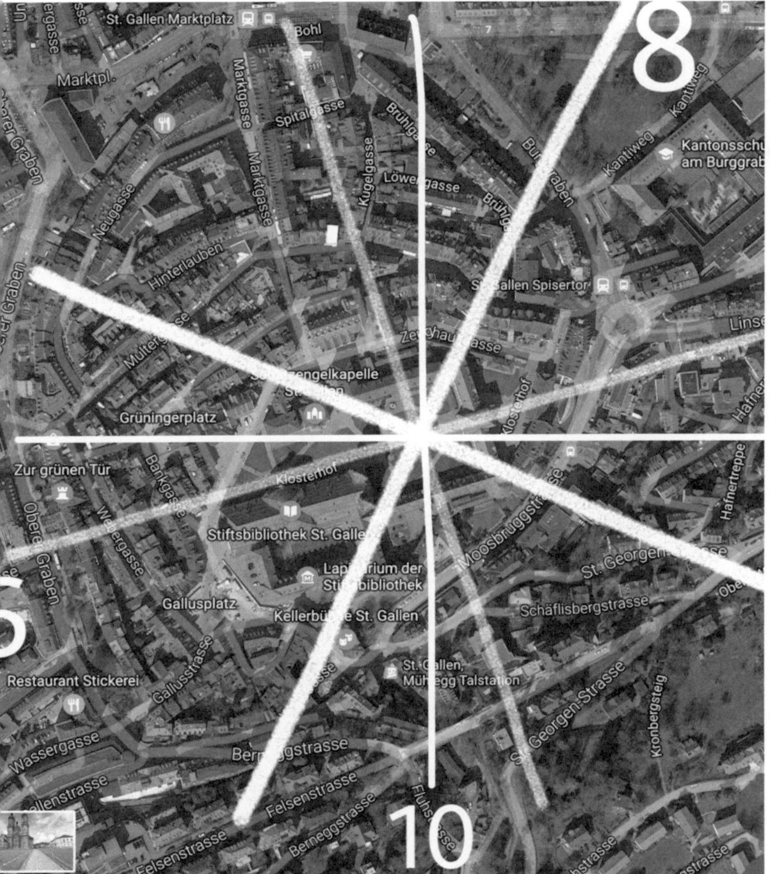

○ **Gitter Nr. 8** Orientierung +68°/-22° Dieses Gitter wird ab 997 zur Orientierung u.a. von vielen **Kathedralen** verwendet. Allerdings scheint in Europa das Wissen um die Orientierung von Bauten nach dem Jahr Tausend nach und nach verlorengegangen zu sein. Das Kloster St. Gallen wurde nach dem Gitter 6 orientiert. Interessanterweise fällt der Kreuzungspunkt mit dem erst später bewusst gewordenen Kreuz des Gitters 8 zusammen. Wir bemerken, dass auch dieser Bau 1940 mit einem Kreuz des Gitters 10 versehen wurde. Dies entspricht natürlich dem Einfluss dieses Klosters mit seiner ausserordentlichen Stiftsbibliothek.

Name des Gitters	Kategorie	Art Energie	Distanz zwischen den Linien Haupt- u. Nebenlinien	Orientierung	Khz	Funktion	Zeitraum in dem es zur Orientierung von Gebäuden diente
Nickel, Eisen, Zink, Kupfer, Selen, Magnesium, Lithium, Aluminium, Uran, Gold, Silber, Titanium, Platin, Palladium, Antimon	Ätherart	Chemischer	Unter der Erdoberfläche, bis ca. 1 m darüber spürbar	Verschiedene Richtungen	1>5,9	An der Schöpfung der Materie beteiligt	
	Ätherart	Lichtäther			6>6,4		www.vallonperret.com
1. Hartmann	Ätherart	Lichtäther	83 - 112 cm	NS-WO 0°/90°	6,5	Schutzfunktion	> 40'000 B.C. (vor Christus)
2. Curry	Ätherart	Lichtäther	120 - 133 cm	NW-SO/NO-SW 45°	8,3	Schutzfunktion	40'000 - 4'000 B.C.
3. Steinzeit	Ätherart	Lichtäther	7 m / 11 km	NS-WO -10°	21,9	Schutzfunktion	4'000 - 2'200 B.C.
4. Gitter 4	Ätherart	Lichtäther	53 m / 1410 m	NW-SO/NO-SW 45°	34,3	Schutzfunktion	Kurze Zeit vor 4'200 Jahren
5. vordruidisch	Ätherart	Lebensäther	62 m / 3 km	N-S/O-W 0°/90°	212	Vitalisierung	Kurze Zeit vor 4'200 Jahren
6. Bronze/Eisenzeit	Ätherart	Lebensäther	1230 m / 13 km	NNW-SSO ... 15°	283	Altägyptische Unterweisungen	2'200 B.C. - 850 A.D.
7. Jahr 1'000	Ätherart	Wärmeäther	1660 m / 600 km	NW-SO/NO-SW 45°	345	Impulse zur Erschaffung Europas	von 850 - 1'050 A.D.
8. Kathedralen	Ätherart	Wärmeäther	32 / 157 km	NW-SO/NO-SW 68°	745	Neuer geistiger Impuls	Seit dem Jahr 997
9. Atlantis	Oberes Mentale (Intuition)		'Gitter', im Wesentlichen in einer anderen Dimension, der mentalen	NW-SO/NO-SW	990	Kontinentweite Glaubensstrukturen	Vor langer Zeit in Gebrauch; wegen Missbrauch nicht mehr zugänglich
10. 1940 Gitter	Oberes Mentale (Intuition)			NS-WO 0°/90°	10'000	Völlig neue Glaubensstrukturen	Errichtet September 1940
11. Zukunft	Oberes Mentale (Intuition)			Pol zu Pol Spirale		Globale, grundlegende Glaubensstrukturen	Erst in der Zukunft zugänglich
12. Spirituelles		Spirituell	185 / 1'537 km	NS-WO 10°/100°	275'000	Hierarchie der Engel; z.B. Engel der Erde	Seit jeher; 20 m breites Band
A1	Astrale	Unteres A	68 km	hexagonales Gitter		**Handel**sbeziehungen	Seit jeher in Gebrauch
A2	Astrale	Unteres A	100 km			**Macht**strukturen	Seit jeher in Gebrauch
A3	Astrale		248 km			**Ausbeutung** der Erde	Seit jeher in Gebrauch
A4	Astrale	Oberes A	285 km	dreieckiges Gitter		Internationale Hilfe	Seit jeher in Gebrauch
A5	Astrale	Oberes A	380 km			Bürgerinitiativen	Seit jeher in Gebrauch
A6	Astrale		568 km	pentagonales Gitter		Strukturen zur persönlichen spirituellen Entwicklung	Seit jeher in Gebrauch

○ **Das mentale Gitter Nr. 9**

Über dieses Gitter weiss ich nicht viel. Es war offenbar vor sehr langer Zeit in Funktion, vermutlich zur Zeit von Atlantis. Von C erhalte ich die Auskunft, dass seine Energie missbraucht wurde und deshalb der Menschheit seit langem nicht mehr zugänglich ist. Mit dem Gitter Nr. 9 tritt eine neue Art Gitter in Erscheinung. Es sind im Ganzen drei Gitter, die mentale Energieströme zirkulieren lassen. Soweit ich dies z.Z. einschätzen kann, verströmen diese drei Gitter Energie des oberen Mentalbereichs, also nicht intellektuelle Energie. Es handelt sich dabei um nicht-ego-gefärbte mentale Aktivität wie Intuition, höhere Symbole, grundlegende Glaubens-Strukturen und –überzeugungen auf denen das spirituelle, kulturelle, religiöse, wissenschaftliche und wirtschaftliche Gedankengut aufbaut. In der menschlichen Aura sind diese vor allem in den beiden Glaubensströmen enthalten. (siehe Abbildung S. 31)

○ **Das mentale Gitter Nr. 10**   Orientierung +0°/90°

Ich kann nur erahnen, was die Funktion eines mentalen Gitters ist. Dieses Gitter wurde weder zur Orientierung noch zur Plazierung von Bauten verwendet. Die allermeisten heiligen Orte auf unserer Liste im Anhang besitzen ein Gitter Nr. 10. Diejenigen Orte, die kein solches besitzen, scheinen oft ausser Gebrauch und damit für unsere Zeit möglicherweise nicht länger von Bedeutung zu sein. (siehe auch 5.1.15., S. 189)

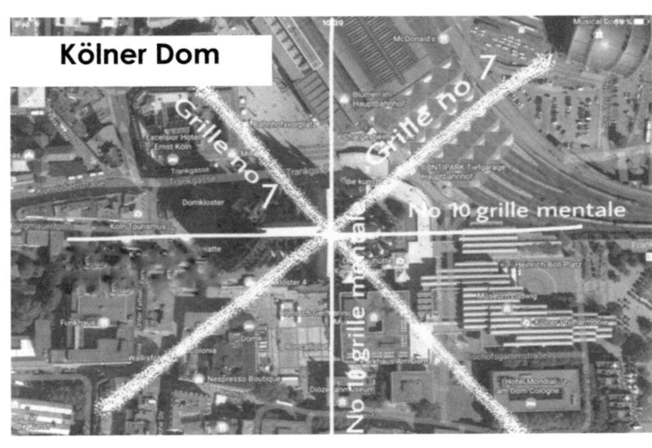

o **Das mentale Gitter Nr. 11** wird erst in der Zukunft aktuell werden. Es hat eine Spiralform von Pol zu Pol.

o **Das spirituelle Gitter Nr. 12**   Orientierung +10°/100°
Die Linien dieses Gitters sind ca. 7 m breit und enthalten 12 Streifen von je etwa 30 cm Breite. Jeder dieser Streifen ist wiederum zusammengesetzt aus drei Energieströmen. Die zwölf Streifen fliessen entweder nord- oder südwärts und dies in verschiedenen Mustern. Auf der folgenden Zeichnung sind die Messungen zu einem Zeitpunkt aufgezeichnet, an dem die ersten zwei Ströme nordwärts, die nächsten vier südwärts flossen, etc. Doch die Fliessrichtung und ‚Paarung' verschiedener Bänder verändert sich täglich. Jedem Band ist einem der zwölf Erzengel zugeordnet. Das erste Band (von Westen her zählend) hat Erzengel Raphael als Pate und ‚Heilung' als Thema. Das zweite Uriel und ‚Unterweisung', etc. (Siehe Abbildung Seite 44)

Der Einfluss dieses Gitters und seiner Linien überdeckt die ganze Erde. Obwohl wir eine Energieintensität auf den Energielinien selbst feststellen können, ist deren Wirkung nicht lokal, sondern global. Wie bei allen heiligen Energiestrukturen steht es uns frei, uns darauf einzustimmen oder nicht.

Die nach Norden hin fliessende Bewegung bedeutet laut C einatmen, regenerieren, Inspiration holend, die nach Süden hin fliessende Bewegung ausatmen, erden, ausdrücken.

Das Energiepotential der Gitter
Die vier Hauptgitter gewähren ein Energiepotential, welches für de Besucher vor allem an ihren Kreuzungspunkten vorteilhaft ist: Nr. 3 – 24' / Nr. 6 – 80' / Nr. 7 – 124' / Nr. 8 – 170' (in 1000 Boviseinheiten). Das dürfte mit ein Grund sein, warum u.a. Kirchen darauf gebaut wurden.

Das Nr. 12 Gitter und seine 12 Unterlinien,
jede wieder mit je drei Streifen.
Ich beobachte bei dieser Nr. 12 Linie eine totale Bandbreite
von ca. 600m.

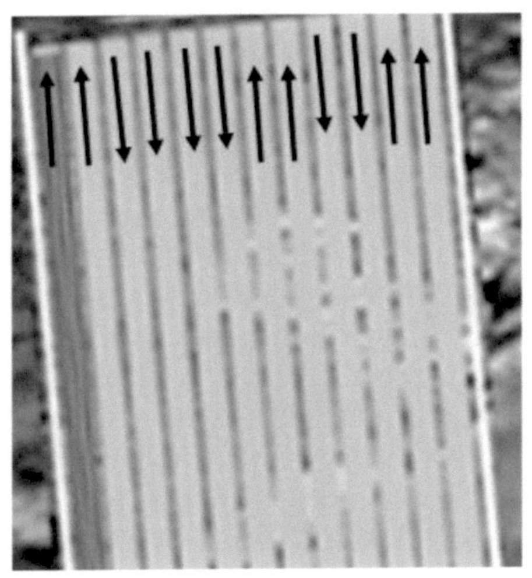

Die Boviseinheiten der drei
Streifen : 47' / 83' / 140'

140' BE ist gleichzeitig das
Potential der Nr. 12 Linien

In 1000 BE gemessen.

3.6. **Die Erschaffung heiliger Orte**

Der Begriff ‚Heilig' wird sehr unterschiedlich verwendet. Ich frage mich: Was z.B. unterscheidet einen ‚heiligen' Ort von einem ‚spektakulären', ‚schönen', ‚wunderbaren' oder ‚magischen' Ort?

Wir können natürlich Quellen, Bergspitzen, hervorstehende Hügel und viele andere interessante Naturorte als heilig auffassen. Im Folgenden möchte ich Orte vorstellen, die vor sehr langer Zeit von der göttlichen Dimension als potentielle heilige Orte auserkoren wurden. Sie hat diese Orte mit besonderen Energiestrukturen versehen.

Ich habe zahlreiche heilige Orte energetisch archäologisch untersucht. Die Plazierung und Orientierung von sakralen Bauten, im hier beschriebenen Sinne, ist ein Wissen, das offenbar nur in Europa bekannt war. Ich habe bis heute zu meiner Verwunderung keine geschriebenen Quellen dafür gefunden. Möglicherweise handelte es sich dabei um ein ‚geheimes' Wissen von Handwerkergilden, Baumeistern, Spezialisten in der Kirchenorganisation oder Freimaurern. Dieses Wissen ging jedenfalls verloren. Der letzte Bau, der in Europa laut C noch energetisch orientiert wurde, ist das Parlamentsgebäude von Bukarest um 1984. In anderen Teilen der Welt finden wir Spuren dieses Wissens um die heiligen Stätten der Urbewohner herum. Soweit ich es einschätzen kann, benützten sie das energetische Wissen zur Plazierung nicht aber zur Orientierung von Bauten. Sie waren womöglich weniger an Bauten als am Erleben interessiert. In Amerika habe ich bis jetzt keine Kirche entdeckt, die gemäss dieser Energie-Strukturen plaziert und orientiert wäre. Wohl sind aber alte heilige Plätze der Indianer an der Kreuzung bedeutender

Energielinien zu finden. Es scheint mir nützlich zwischen verschiedenen Kategorien heiliger Orte zu unterscheiden. Ich beschreibe hier nur Orte, die ich untersucht habe. Andere Autoren und Forscher haben andere Kriterien.

Kategorie 1   Orte mit vier konzentrischen Thronenkreisen

Kategorie 2   Orte mit drei konzentrischen Thronenkreisen

Kategorie 3   mit von Menschen geschaffenen konzentrischen Kreisen aber ohne vorhergehende Energie-Strukturen (weder Kreise noch Energiegitter)

Kategorie 4   von Menschen geschaffene Orte, auf der Kreuzung von Energiegittern gelegen, aber ohne Energiekreise (weder vor- noch nachher)

Kategorie 5   von Menschen geschaffene Orte, weder jetzige noch vorhergehende Energie-Strukturen (ohne Kreise und ohne Energiegitter). Ihnen fehlen auch die von Menschen geschaffenen Energiekreise.

3.6.1. Zu den Begriffen ,Heilen' und ,heilig'

Das Wort ,Heil' drückt Begnadigung, Erfolg, Ganzheit, Gesundheit aus und in religiösem Zusammenhang insbesondere Erlösung. (Wikipedia) Wir benützen es in Wörtern wie Heiland, Heilsam, heil werden, heilig, heilbringend. Verwandte Wörter sind ,holistisch' (aus dem Griechischen ,holon' = Ganz), das englische ,holy' vereint die Begriffe ,Ganz' und ,Heilig'. In dem Sinne möchte ich ,Heilig' folgendermassen definieren:

,Heilig' sind
Orte und Handlungen, die dem Göttlichen und der Schöpfung gewidmet sind.

,Heilung' wäre demzufolge ein
Vorgang, der es dem Betreffenden ermöglicht das Heilige wieder ins Zentrum seines Lebens zu rücken.

In seinem hervorragenden Buch „Die Kunst der geistigen Heilung" schreibt Joel S. Goldsmith: „Die Welt braucht Menschen, die durch ihre Hingabe an Gott (die göttliche Dimension, D.P.) so vom Geiste erfüllt sind, dass sie zu Werkzeugen werden, durch das Heilungen geschehen können." Heilung und Harmonie entsteht durch die Einsicht, dass wir von Geburt an Teil der göttlichen Dimension sind, das Göttliche seit jeher in uns tragen. Unser irdisches Dasein ist eine Schule, in der wir lernen dies in uns zuzulassen. Die ‚Kosten', uns an Ego und Absonderung zu klammern, weisen uns unter Schmerzen auf diese Unabdingbarkeit hin. Siehe auch das Zitat von Black Elk ganz am Anfang meines Buches.

Es gibt jedoch ebensowenig eine perfekte, immerwährende Gesundheit, wie einen ökologischen perfekten, problemlosen Zustand. Alles ist in Bewegung und in Evolution begriffen. In dem Sinne gibt es Perfektion und endgültige Harmonie auf Erden nicht. Wenn wir von Erd-Heilen sprechen, so handelt es sich darum, einen Überblick über alle Teile und den Zustand eines Ökosystems zu erlangen. Unsere Betrachtungen zielen darauf ab, die **Harmonie als das respektvolle, empathische Zusammenspiel aller fühlenden Wesen** anzustreben.

Von diesem Verständnis ausgehend, ist eine Disharmonie eine natürliche Erscheinung, die eine fortwährende Anpassung verlangt. Wir werden unter Kapitel 5 sehen, dass bei weitem nicht alle Disharmonien der menschlichen Tätigkeit und Ignoranz zuzuschreiben sind. Im Sinne von Ganzwerden ist ein heilsamer Prozess ein Lernprozess, der Erkenntnis schafft über neue Zusammenhänge, Evolutionsschritte und neuen Einsichten über die Wirkung von Teilelementen des Systems.

3.6.2. **Die energetische Signatur von Thronen-Engeln - Kreise**

Diejenigen Orte, die ich diesem energetischen Zusammenhang als heilig, im Sinne der Kategorien 1 und 2, bezeichnen möchte, weisen alle eine besondere energetische Signatur auf. Diese beruht im Wesentlichen auf konzentrischen Energiekreisen, die von Thronen-Engeln vor Millionen Jahren geschaffen wurden. Liegen vier solcher konzentrischer Energiekreise vor, so nenne ich diesen einen heiligen Ort erster Ordnung. Liegen nur drei konzentrische Energiekreise vor, so bezeichne ich diesen als einen heiligen Ort zweiter Ordnung. Die Kreise haben unterschiedliche Durchmesser und können, für den vierten und äussersten Kreis, einen Radius von bis zu 150 km haben. Laut befragten Thronen-Engel bleiben die Kreise, einmal eingerichtet, in ihren Ausmassen konstant. Je weiter der äusserste Kreis, desto bedeutender der (zukünftige) heilige Ort. Der Grund warum Thronen-Engel zweierlei Kategorien geschaffen haben, liegt offenbar darin, dass sie bevorzugten einige wenige Orte mit einem höheren Potential zu schaffen, so dass Menschen dort einen höheren Nutzen erleben konnten; also eine Konzentration anstatt einer zu grossen Verzettelung, ohne dabei die Anzahl potentiell heiliger Orte jedoch zu klein zu halten.

Ich bin auch anderen Kriterien begegnet, so z.B. den drei druidischen Kreisen, die ebenfalls konzentrisch um einen Ort angelegt sind. Sie sind allerdings von Menschen geschaffen worden und zeugen von den drei Initiations- oder Schulungsebenen, die an jenem Ort praktiziert wurden oder werden. Ich möchte dieses Kriterium hier nicht anwenden um einen heiligen Ort zu bezeichnen.

Viele Orte, die wir üblicherweise als grosse heilige Orte bezeichnen, weisen jedoch keine Thronenkreise auf, wie z.B. der Mount Shasta, die Berge Olymp oder Athos in Griechenland. Ich habe keine befriedigende Erklärung dafür. Siehe auch die Liste im Anhang.

18 Thronen-Orte soll es **in Frankreich** geben, davon 12 mit vier Kreisen. Einer dieser Orte ist weitgehend unbekannt und ein weiterer unbenutzt, obwohl der Dalaï Lama ihn offenbar als solchen erkannt hatte, als er in der Dordogne zu Besuch war. In der **Schweiz** gäbe es 6 Thronen-Orte, davon 3 mit vier Kreisen.

In **Deutschland** seien es 22 Orte, davon 11 mit vier Kreisen. Vier dieser Orte in Deutschland sind allerdings bis heute unerkannt. In **Österreich** sind es 11 mit vier Kreisen und 4 mit drei Kreisen. Wie die Geistwesen mir sagen, schaffen die Throne seit langem keine neuen Orte mehr.

Zahlreiche von den Thronen vorgesehene Orte sind bis heute nicht als heilige Plätze benutzt worden oder bekannt. Andere wiederum haben keine Kirche oder dergleichen. Ein Platz wie das KZ Auschwitz wurde sogar wissentlich missbraucht.

Die Thronen-Engel haben gewusst, dass Menschen Hügel und Bergkuppen aufsuchen würden, um sich dem Göttlichen näher zu fühlen. Einige bemerkenswerte solcher Erhebungen tragen denn auch die beschriebenen Thronenkreise heiliger Orte, wie der Krindenhubel am Thunersee, der Puy de Dôme und der Puy de Sancy in Frankreich, die Lenzburg, der Menez Bre in der Bretagne, der Mount Kailash in Tibet und der Berg Olymp auf Zypern.

Heilige Orte und deren Energiestrukturen sind Tore zu altem Wissen sichtbarer und unsichtbarer Wesen.

Wieviele dieser Thronen Orte beherbergen eine Kirche? Wieviele einen nicht sakralen Bau? Wieviele sind reine Naturplätze geblieben?

Zahlreiche lokale Gemeinschaften der vorchristlichen Zeit haben Erhebungen in ihrer Nachbarschaft als sakrale Orte verwendet. Dort sind immer noch archäologisch-energetische Spuren wahrnehmbar. Diese lokalen Stätten haben jedoch weder Kreise noch Energiegitter als Grundlage sondern nur die natürliche Erhebung.

3.6.3. **Die energetische Signatur von Mutter Erde – Energiegitter**

Aus obiger Liste ersehen wir, dass allen Orten mit Thronen-Kreisen immer auch Energiegitter zugeordnet sind. Darüber hinaus gibt es zahlenmässig weit mehr Standorte von Kirchen z.B. die keine Thronenkreise aufweisen, wohl aber auf präzisen Kreuzungspunkten von Energielinien stehen. Die Energiegitter der Erde seien Kreationen der Erd-Göttin und der Deva-Königinnen. Wir müssen verstehen, warum zahlreiche Kirchen und Kathedralen auf Gitterkreuzpunkten stehen ohne Thronenkreise zu verzeichnen? Vielleicht erklärt sich dies durch die Hierarchie der Heiligen Orte. Es gibt ‚wichtige' und weniger wichtige.

3.6.4. **Die vier Königinnen der Erd-Mutter**

Als ich vor Jahren begann einen von Thronen-Engeln geschaffenen 4-Kreise-Ort näher zu erforschen, waren mir vier Stellen aufgefallen, die alle 30 m vom Zentrum entfernt lagen. Alle lagen auf einem der Strahlen der vier Himmelsrichtungen. Jeder Thronen-Ort scheint dieses energetisch fühlbare ‚Fadenkreuz' zu besitzen. Wie sich später herausstellte, sind es die Stellen, an denen wir einen heiligen Ort aktivieren können.

Heute ging ich wieder hin und fragte wie gewohnt, ob alle Geistwesen o.k. seien. „Nein". Ob ich etwas tun könne: „Ja"; Ich fragte sodann, ob sie mir den Weg zum nächstliegenden Geistwesen zeigen könnten, das meine Dienste brauchte. Sie führten mich zum südlich gelegenen der vier erwähnten Punkte. Diesen Punkt nenne ich den Sophia-Punkt und das Wesen entweder Sophia oder die Weisse Königin. Nach einigen einkreisenden Fragen fand ich heraus, dass sie und die drei anderen Königinnen wünschten, ich würde sie in diesem Buch erwähnen. Sie wollten mir ihre Funktion näher beschreiben, denn dies sei für Menschen nützlich, die sich an einen heiligen Thronen-Ort begeben.

o **Sophia**, Süden, Vollmond : Erfahrung, Weisheit, Tradition, unvoreingenommenes Beobachten
o **Schwarze Königin**, Norden, Neumond : sich freimachen von Sinneseindrücken, von Konzepten, von der Zeitdimension, von Gewohnheiten und Gedächtnis
o **St. Bridget**, Westen, zunehmendes Viertel : Feiern, Frühling, Begrüssen des Neuen, Kreativität
o **Kali**, Osten, abnehmendes Mond-Viertel : das Alte niederreissen, Herbst, Raum schaffen für Neues, alles Loslassen

Die vier Königinnen sind vier Unteraspekte des Ur-Weiblichen. Der Thronen-Ort, den ich untersuche, ist ein Ort der Schwarzen Madonna. Dies ist allerdings nur bei 8% der Thronen-Orte der Fall. Da die vier Königinnen jedoch an 2/3 der Thronen-Orte, also mit den drei oder vier konzentrischen Thronenkreisen, zu finden sind, sollten wir einen Ort mit den vier Königinnen in unserer Nähe finden können. Das Weilen an einem dieser Orte kann uns die vier Aspekte des Weiblichen entdecken lassen.

Doch wer antwortete mir im Namen Sophias? „Ich, Sophia. Wir vier Königinnen sind Unteraspekte oder Untergebene der

Erdmuttergöttin. Jede von uns ist ein eigenes Geistwesen. Stellt uns Fragen und wir leiten euch." (siehe auch S. 215 ff)

3.6.5. **Von Menschen geschaffenen Kultorte**

Wenn sich Kultgebäude ausserhalb der ‚göttlichen' Energie-strukturen etablieren, müssen sie ohne deren naturgegebene Energiezufuhr auskommen. Rituale sowie eine qualitativ-spirituell hochstehende Benutzung schaffen dann allein das Energiepotential. Dabei kann es sich um Naturorte, Kirchen und Tempel aller Art und Religionen handeln. Zudem sind natürlich meine Beobachtungen nicht das Mass aller Dinge.

Kategorie 3 : mit von Menschen geschaffenen konzentrischen Energiekreisen aber ohne vorhergehenden Energiestrukturen (wie Thronenkreise oder Energiegitter)

Auf dem Bild die in Chanteloube im Bau befindliche tibetanisch buddhistische Stupa-Anlage oberhalb St. Léon s/Vézère in der Dordogne. Sie ist weder energetisch plaziert noch orientiert. Jedoch sind bereits drei konzentrische Energiekreise feststellbar, die auf die menschliche Aktivität (Einweihung und Benutzung) deuten.

Am äusseren Kreis messe ich 45'000 Boviseinheiten (BE), am mitleren Kreis nur 24'000 BE. Im Inneren, z.Z. eine Baustelle,

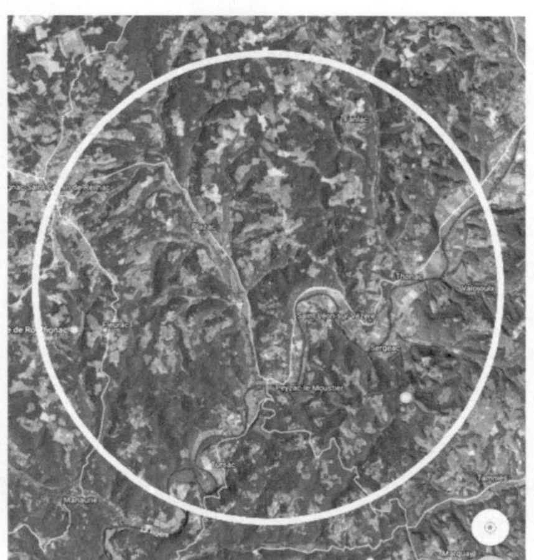

2 inneren Kreise der **Stupa-anlage ob St. Léon s/Vézère**

messe ich, wohl wegen der nicht abgeschlossenen Bautätigkeiten, nur 18'000 BE

Kategorie 4 :

von Menschen geschaffene Orte, auf der Kreuzung von Energiegittern gelegen aber ohne konzentrische Energie-kreise (weder vor- noch nachher).
Foto rechts: Kathedrale von Amiens ohne Kreise

Kategorie 5 :
von Menschen geschaffene Orte, weder jetzige noch vorhergehende Energie-Strukturen (ohne Kreise und ohne Energiegitter)

Bild: das Beispiel der Kirche Hilterfingen am Thunersee, Nähe Bern, die weder energetische plaziert noch orientiert ist. Sie gehört zu den 12 tausendjährigen Kirchen am Thunersee. Die anderen sind energetisch orientiert. Es sind in Hilterfingen auch keine Energiekreise feststellbar, die aus der Benutzung der Kirche hervorgegangen wären.
Ich messe 24'000 Boviseinheiten, was relativ tief ist.

3.7. **Die anderen parallelen Welten**

Der Einfluss der anderen parallelen Welten auf unsere physische Welt ist noch wenig erforscht. Wir können dazu zählen: Geistwesen aller Art, Wesen der magischen Welt, Wesen der mythologischen Welt, Ausserirdische, die Welt der Gegenkräfte, etc. C besteht darauf, die Insekten als z.T. einer parallelen, kaum erforschten Welt angehörend.

3.7.1. **Geistwesen**

Ein Geistwesen ist ein immaterielles oder „feinstoffliches" Wesen. Vielleicht täten wir gut daran zu denken, dass es weit mehr Geistwesen gibt als grobstoffliche Wesen wie Menschen, Tiere und Insekten. Neben den Engelwesen und den Natur-geistwesen im weitesten Sinn gibt es eine ganze Anzahl Geistwesen, die wir z.B. in Lichtwesen und nicht respektvolle

128

Wesen unterteilen können. Die Lichtwesen respektieren unseren freien Willen, die anderen nicht. Ich nenne letztere weiter unten Gegenkräfte (3.7.9., S. 139). Es gibt Kategorien von Geistwesen, die beide Arten kennen: Teil-Gruppen, die zu den Lichtwesen gehören und andere Teil-Gruppen, die zu den nicht respektvollen Wesen zählen. Ich denke hier z.B. an die Wesen, die wir lose mit ‚Ausserirdischen' umschreiben. Auch diese sind weiter unten beschrieben (3.7.6., S. 136). Ferner finden sich weiter unten die Wesen der magischen und der mythologischen Welt (3.7.3. und 3.7.4.). Die allermeisten dieser Wesen respektieren unseren freien Willen.

Unter Geistwesen verstehen wir auch eine Reihe anderer Wesen, von denen hier nur einige erwähnt sein sollen. Sehr hilfreich erlebe ich die Verbindung zu Geistwesen, die bereits auf der Erde inkarniert waren und uns vom Jenseits her unterstützen. Sie sind oft Seelen grosser Meister. Auch sie erlebe ich als sehr respektvoll. Sie greifen praktisch nur ein, wenn wir sie darum bitten und Fragen haben. Zum respektvoll sein gehört offenbar Geduld und Weisheit. Die meisten Mitglieder des ‚think tanks' C, die mir so grosszügig zur Seite stehen, waren früher inkarniert auf Erden. Alle Seelen verstorbener Menschen können wir zu den Geistwesen im weitesten Sinn zählen.

3.7.2. **Geister der Form**

Die Formen in der Natur wurden von den Exusiai = ‚Gewalten'. Geschaffen. Sie gehören zur Sphäre 14 der Hierarchie der Engelwesen. Sie werden auch Geister oder Schöpfer der Formen genannt. Sie schufen die unzähligen Baupläne der Pflanzen, Blüten, Bäume, der Tiere, Insekten, Vögel, Menschen, etc. Sie erhielten die Impulse aus der Sphäre 21, der Trinitätsebene und damit aus der Polarität des Schöpfers und der Matrix der Erdgöttin.

3.7.3. **Die magische Welt**

In meinem französischen Buch ‚L'Accès aux Mondes invisibles' (Der Zugang zu den unsichtbaren Welten) beschreibe ich meine Begegnungen mit den acht Wesen der magischen Welt. Zwei von ihnen waren so freundlich mir ein kurzes Interview zu geben. In der Blogserie auf meiner Webseite ist die **Begegnung mit dem Zauberer** geschildert. Weil sie dort auf englisch ist, übersetze ich sie hier:

Ich gehe gerne um diese kleinen Seen in unserer Nähe spazieren. Sie beherbergen ein wunderbares Vogelreservat und sind von bewaldeten Hügeln umgeben. Ein bemerkenswertes kleines Waldstück an einem seiner Ufer würde ich als magisch bezeichnen. Die Bäume sind dort anders, das Unterholz, das Licht. Bereits gute zehn Mal bin ich an dessen Südrand auf eine Energieformation aufmerksam geworden, eine kleine Energiekolonne von der Grösse eines Menschen. Jedesmal scheint sie an einem anderen Ort zu sein, doch immer am Süd-Ende des kleinen Waldes. Ich fragte schliesslich, wer oder was es war. Es war niemand, den ich jemals getroffen hatte. Es stellte sich heraus, dass es sich um eines der acht Wesen der magischen Welt handelte, dem Zauberer oder Magier. Ich stelle ihn mir vor mit dem bekannten spitzen Hut wie etwa Gandalf. Er mag das. Ich begrüsse ihn jedesmal, wenn ich vorbeigehe und frage ihn, ob er o.k. sei. In der Regel bleibt es dabei, denn ich konnte offenbar nichts für ihn tun, und er sagte immer er sei o.k.

Gestern war es anders. Er stand viel näher am Wasser und wartete dort in der Sonne, ganz ruhig neben dem Pfad. Dieses Mal sagte er, er sei o.k. doch, ja, ich könne etwas für ihn tun.

Wie üblich ging ich durch eine Liste von Ja/Nein Fragen um herauszufinden, was ich denn für ihn machen konnte. Während langer Minuten konnte ich einfach nicht herausfinden, worum es ihm ging. Dann erinnerte ich mich, dass ich ihn auch an einem anderen Ort bemerkt hatte, nämlich unten in unserem kleinen Tal und zwar in Gesellschaft der anderen sieben Wesen der magischen Dimension: dem Einhorn, dem Kristallhirsch, der Grossen Eule, dem Lichtwesen, der weissen Fee, dem Kobold und natürlich Meister Drache.

So fragte ich **den Zauberer,** ob er denn gleichzeitig an verschiedenen Orten sein könne. Ja klar, das könne er sehr wohl. Er würde an diesen zwei Orten jedesmal auftauchen, wenn er wisse, dass ich vorbeikomme. Ich wollte wissen, wieviele dieser magischen Orte es denn in der Dordogne gäbe, an denen er auftauchen könne? Es seien etwas weniger als 100 solcher Orte in der Dordogne und etwa 9'000 in ganz Frankreich. Das bedeutet, dass es an die 100 magischer Orte in jedem französischen Departement gibt.

Diese Orte seien ‚magische Orte' wegen ihrer besonderen Schönheit und Atmosphäre. Sie würden wie Tore zur magischen Welt hin funktionieren. Es seien diese wenigen Orte, in denen die zwei Welten sich leichter treffen könnten. Das zauberhafte Gefühl, das diese acht Wesen mit sich bringen, scheint vom Heiligen Geist her zu kommen, wenn ich ihn richtig verstehe. Sie bringen, bildlich gesprochen, ein spezielles Parfüm mit sich, das uns an das magische in der Schöpfung erinnern soll. Es verwandelt uns für kurze Zeit und verbindet uns mit etwas Tiefem und Wunderbaren.

Jedes der acht magischen Wesen besitzt sein eigenes Revier und seine Eigenart. Die Grosse Eule z.B. bringt uns in Verbindung zur Weite und dem Geheimnis der Nacht, das Einhorn mit der Stille und der Reinheit, der gute Zauberer zeigt uns unbekannte Handlungen, die mit Energie bewerkstelligt werden können und uns deshalb wie Magie vorkommen. So hatte er sich kürzlich in 13 Gestalten verdoppelt, die alle in einer Reihe standen, als wären sie 13 Zauberer wie er. Er beobachtete aus einer gewissen Distanz, ob ich seinen ‚Trick' herausfinden würde. Die gute weisse Fee bringt uns magische Momente und unerwartete gute Überraschungen, Der Kristallhirsch führt uns zu unserer Intuition und dem Licht des Christus. Das Lichtwesen öffnet uns einen Weg zum göttlichen Licht. Der Kobold testet die blinden Flecken unseres Unterbewusstseins, indem er mit unseren sogenannten Gewissheiten spielt. Er verkörpert Lebendigkeit und die Überraschungen der Tricks. Walt Disney und die vielen Märchen wussten es. Sie helfen, dass diese wertvollen Aspekte der Schöpfung nicht ganz in Vergessenheit geraten. Was wäre unser Leben ohne diese magischen Momente und Orte? Wir müssen sie wieder entdecken und beschützen.

Hier mein **Gespräch mit dem Drachen**:
Lieber Drache, du kommst seit einiger Zeit jedesmal gleich sobald ich dich rufe. Um ehrlich zu sein, ich glaubte zuerst nicht recht daran, dass dies funktionieren würde. So habe ich es einfach versucht. Nun müsste ich verstehen, inwiefern unsere Begegnungen für andere hilfreich sein können. Ich muss mich vergewissern, dass ich dich nicht kommen lasse, bloss um zu sehen, ob es auch wirklich ‚funktioniert'. Du bestätigst mir, dass du ein Wesen von grosser Weisheit bist. Du kennst die Wesen und wie sie funktionieren. Du sagst mir, dass in der Vergangenheit, die Menschen leider nicht den Unterschied kannten zwischen den Wesen der magischen Welt und manipulierenden Wesen, die, wie man leider sagt,

‚schwarze Magie' brauchten. Du sagst mir, dass dies auch heute noch ähnlich ist, wenn viele Menschen den Unterschied nicht erkennen zwischen denen, die an der Macht sind und ehrlich sind und den anderen, die nur danach trachten sich zu bereichern und andere zu manipulieren. Nach dir manipuliert kein Wesen der magischen Welt. Ihr sucht auch nicht Macht auszuüben und trachtet auch nicht nach persönlichen Vorteilen.

Du sagst, dass du allerdings ausser dir sein kannst, wenn Menschen oder andere Wesen mit Lärm die Welt verunreinigen, Tiere und andere Wesen leiden lassen und die Erde verletzen. Dieser Mangel an Respekt kann dich dermassen rasend machen, dass du Feuer gebrauchst um die Überreste manipulierender und unverantwortlicher Geister zu transformieren.

Du bist auf eine Art der Patriarch der magischen Welt, denn du bist praktisch so alt wie die Erde. Du liebst es zu fliegen, denn so bist du sehr schnell. Du sagst mir, dass es in Frankreich drei Drachen wie dich gibt, dass ihr meistens in der Luft lebt, denn so seid ihr immer in Kontakt mit dem, was wir Akasha Chronik nennen. Diese beginnt etwa 120m über der Erdoberfläche in der Schicht des Wärmeäthers.

Du bestätigst mir, dass um euch Wesen der magischen Welt begegnen zu können, es unerlässlich sei, dass wir Menschen die magischen Orte auf der Erde erkennen und schätzen. Ihr zeigt euch erst nachdem ihr euch vergewissert habt, dass wir auch das Herz haben diese Orte zu erkennen. Dann seid ihr an diesen Orten wie zufällig gleichzeitig wie wir. Doch eigentlich wisst ihr im voraus, wann wir dort vorbeikommen.

Du bist einverstanden mit der kurzen Beschreibung, die ich von euch acht magischen Wesen gegeben habe. Du sagst, dass ihr früher einmal auch wirklich sichtbar wart auf Erden. Doch habt ihr euch ins Unsichtbare zurückgezogen, weil die Menschen ohne euch lernen mussten den Unterschied zu machen zwischen respektvollen Wesen und solchen die schwarze ‚Magie' ausübten. Eigentlich machen respektlose Wesen überhaupt keine Magie, somit auch keine schwarze Magie. Was sie machen ist ganz einfach Manipulation im Hinterhalt.

Ich bedanke mich für dieses Gespräch.

3.7.4. Die mythologische Welt

Jede Ecke unserer Welt hat ihre eigenen Wesen in der lokalen und kulturellen Mythologie. So ist es z.B. eine Vereinfachung zu sagen, Pan existiere überall. Die Wesen der griechischen Mythologie sind sehr wahrscheinlich ortsgebunden, wie die Wesen der nordischen oder irischen Mythologie auch.

Elfe

Riese
(John Bauer)

Faun

Troll
(John Bauer)

Centaur

Pan

Foto: Elfenbusch mit seinem Ätherfeld, das bis zu 14 m vom Busch weg spürbar ist

Die kleinen Elfen sind etwa 10 cm gross und schaffen Stimmungen an bestimmten Orten, tanzen dort z.B. in einem Sonnenstrahl nahe am Boden. Die grossen Elfen sind seltener. Sie sind bis zu 3.5 m gross und bringen uns das Schöne, Noble, Mutige, Hoffnung, Brüderlichkeit. C meint, es gäbe nur drei davon in der Dordogne an drei Orten.

Im Februar 2018 sucht ein Riese Kontakt zu mir aufzunehmen während der Fernheilung. Er wohnt in einer bekannten bemalten Höhle in der Nähe. Er wohne dort schon seit tausenden von Jahren. Wildschweine seien seine Freunde.

Seine Sorge ist, dass ‚seine' Höhle von Touristen besucht werde und seine Seitenhöhle kürzlich in die Besucherroute integriert wurde. Wie immer sind derartige Kontakte unerwartet. Ihm half offenbar, wenigsten mit jemandem über seine Sorgen sprechen zu können, auch wenn ich in diesem Fall nicht viel für ihn machen konnte.

3.7.5. **Die Insekten**

C besteht darauf, dass die Insekten wohl eine physische Seite hätten mit astralen Attributen, doch dass ein anderer Teil von ihnen in einer parallelen Welt in einer anderen Dimension lebe. Sie besässen dort eine Intelligenz und hätten andere Aufgaben, die wir uns kaum vorstellen könnten. In unserer Welt seien sie z.B. relativ kleine Wesen, wohingegen sie in der anderen Dimension viel grösser seien. In jener Dimension gäbe es weder Menschen noch Tiere. Diese Aussagen muss ich einfach akzeptieren.

3.7.6. **Die Ausserirdischen**

Ich weiss, das Thema der Ausserirdischen übersteigt die Bereitschaft vieler, sich darauf einzulassen. Ich habe über meine Erfahrungen mit einigen Wesen von Pegasus geschrieben. Ich kann sie und ihre gelandeten Raumschiffe energetisch feststellen und hatte ganz klare Träume. Ich hatte auch einige wenige Meditationserlebnisse. Eva Høffding brachte eine interessante Kanalisation als Antwort auf meine Erzählung einer dieser Träume. [6,7] Da ich überzeugt bin, dass diese Wesen Wesentliches zur Erd-Heilung beitragen können, erwähne ich sie hier.

Anfangs 2018 konnte ich zum ersten Mal beobachten, wie die in unserer Umgebung stationierten Raumschiffe an gewissen Tagen abwesend waren. Ihre Abwesenheit schien übereinzustimmen mit der ernsthaften Krise zwischen Nordkorea und den USA. Beide Staatsoberhäupter glaubten sich beschimpfen und mit dem Einsatz von Atomwaffen drohen zu müssen. Jedesmal, wenn sich die Rhetorik wieder legte, waren die Raumschiffe wieder hier. Ich fragte die Wesen, ob sie sich während der akuten Atomkriegsgefahren zu den Konfliktherden begäben, um dort beruhigend auf das Denken der Protagonisten einzuwirken. Sie bejahten dies. Ihre Aktion kann mit Friedens-Meditationen beschrieben werden. Diese Wesen sind auch in Fukushima und Chernobyl präsent, um das Ausmass der atomaren Katastrophen unter Kontrolle zu halten. So sehr sie als Lichtwesen unseren freien Willen respektieren, so hat dies seine Grenzen, wenn die Zerstörung unseres Planeten auf dem Spiel steht. Gleichzeitig können sie nicht immer eingreifen. Es bestünde dann die Gefahr, dass wir Menschen uns daran gewöhnten, dass immer ein Unsichtbarer repariert, was wir anrichten. Die Menschen würden womöglich nie dazu lernen. Sie besitzen Technologien, die wir dringend benötigen, um z.B. atomare Gefahren oder Plastikmüll loszuwerden.

Die Beobachtung von Unterschieden, wie hier die Anwesenheit oder Abwesenheit eines energetischen Phänomens, bringt mehr Schärfe in unsere Beobachtungen.

3.7.7. **Zahlreiche andere Welten**
Obwohl ich nicht an der Existenz anderer Welten zweifle, stütze ich mich hier allein auf Michael Newtons Buch, in dem seine Patienten über andere Welten berichten, die sie in der Zeit zwischen zwei Leben besucht haben. [11] Es geht mir bei dieser rudimentären Aufzählung darum, dass wir uns der Beschränktheit unseres Wissens bewusst bleiben.

Newton berichtet von der Welt der reinen Erholung, in welcher Menschenseelen nichts weiter zu tun haben, als sich eine Zeit der ungetrübten Erholung zu gönnen. Er berichtet ebenfalls von einer Welt, in der die Seelen unter Anleitung sich darin übten mit mentaler Anstrengung physisches Leben zu schaffen. Diese Versuche bleiben vorerst allerdings meistens auf eine zellulare Ebene beschränkt.

3.7.8. **Wesen von Maschinen, Klangwesen, Musikinstrumentenwesen, etc.**

Ich weiss wenig von diesen Wesen. Als Musiker bin ich mir seit Jahren bewusst, dass meine Harfen z.B. je ein Wesen zur Seite haben, auch mein Gong, oder meine Kristallklangschale. Ich nehme sie als Energieentitäten wahr, also als kleine Energie-Kolonne neben dem Instrument. Meine drei Harfen besitzen je ein Klangwesen, das offenbar dem Erzengel Raphael unterstellt ist und damit seiner Mission des Heilens. Sie wurden meinen Harfen von Raphael zur Zeit ihres Baues zugeordnet. Das dürfte für alle Harfen zutreffen.

Diese Wesen können mit einem Hausgeist verglichen werden. Beide betreuen eine materielle Einheit. Unser Hausgeist sagt mir eben, dass er einer besonderen Art Elementarwesen unterstehe, die er eine 6. Art nennt. Diese wären wie die fünf anderen, doch in einem einzigen Wesen vereint. Denn er kümmere sich ja nicht nur um eines der Elemente und dessen Elementarwesen sondern um alle fünf: Erde, Wasser, Feuer, Luft und Raum. Mein Hausgeist würde sich als zugehörig zu den **Materialgeistwesen** bezeichnen. Zu diesen zählen auch Maschinenwesen wie z.B. Computer, Autos oder industrielle Maschinen.

Ein **Klangwesen**, das einem Instrument zugeordnet ist, spielt auch eine Rolle in der Vermittlung von musikalischen Inspirationen. Während die Harfen mit Raphael und dem Heilen eine Verbindung hätten, seien die anderen Musikinstrumente dem Erzengel Sandalphon zugeteilt. Dessen Themenbereiche sind Klang, Gebet und der Planet Erde. Mein balinesischer Buckelgong besitzt ein Klangwesen, das ebenfalls Sandalphon untersteht. Die **Klangwesen der Sprache und des Gesangs** scheinen jedoch dem Erzengel Gabriel zugeordnet zu werden, der für die Themen Kreativität und das Überbringen von guten Nachrichten zuständig ist.

Meine Kristallklangschale hat eine besondere Art Klangwesen bei sich und zwar war dieses in einem anderen Leben im Mittelalter eine inkarnierte Nonne, die sich schon damals speziell für Klänge interessierte. Sie hat mir bei der Auswahl der Klangschale geholfen und bleibt ihr seither treu. Sie ist fasziniert, wie wir mit Klängen im therapeutisch-heilerischen Bereich umgehen und auch neuartige Musikinstrumente kreieren.

Ich erwähne diese Wesen, damit wir ihrer bewusst werden und sie möglichst als Partner mit in unsere Arbeit einbeziehen. Sie haben meistens eine reiche Erfahrung und ein Wissen, was die subtilen Dimensionen ihres Gegenstandes anbetrifft.

3.7.9. **Die Welten der Gegenkräfte**

Die Evolution, wie sie im Moment funktioniert, scheint Hürden zu brauchen in der Form von Gegenkräften und Leiden. Diese fordern unsere positiven Heilkräfte heraus. Ich habe darüber in einem meiner Bücher der Serie ‚Spirituelles Heilen' geschrieben. [6] Inwiefern diese Wesen leiden und empfinden können ist schwer herauszufinden. Ich bin allerdings überzeugt, dass sie ihre göttliche Funktion im Universum haben. In der Untersuchung von persönlichen Auragrammen, also den Strukturen und Wesen in der Aura einer Person, wird mir immer gezeigt, wie sehr wir einen persönlichen Anziehungspunkt für Wesen dieser Art haben, die also unseren freien Willen nicht respektieren. Sie scheinen wie ein ‚Stein in unserem Schuh' zu sein, der uns bei jedem Schritt daran erinnern soll, wie wir eine bestimmte spirituelle Qualität weiter ausbauen könnten, wie Geduld, Grossherzigkeit, Akzeptierung unserer Selbst, etc. Wir können auch Elementarwesen finden, die sich von der menschlichen Tätigkeit dermassen verletzt, nicht respektiert oder vernachlässigt fühlen, dass ihnen kein anderer Weg übrig bleibt, als uns entgegenzuwirken. Sie versuchen damit ein geschehenes Unrecht beseitigen zu helfen. Obwohl sie dann zeitweise wie Gegenkräfte auftreten, ist das nicht ihre Natur. Marco Pogacnik erwähnt in einem seiner Bücher wie Elementarwesen von Erdbewegungen durch Bauarbeiten gestört wurden, und wie sie sich durch ein irritierendes Verhalten bemerkbar gemacht haben. In Kapitel 2.3. und 5.2.5 bringe ich einige Beispiele.

Fotograf unbekannt

Daniel Perret – ERD-HEILEN

Kapitel 4

Erd-Heilen / Erd-Heiligtümer

4.1. **Erd-Heilen ist in erster Linie Selbstheilung**

Mir kommen Tich Nat Han's Worte in den Sinn:

Peace is every Step – Für Frieden zählt jeder unserer Schritte.

Um sich an einer Erd-Heilung zu beteiligen, müssen wir mit unserer Selbsterkenntnis beginnen. Diese erlaubt uns die Zusammenhänge und Disharmonien in und um uns besser zu verstehen. Jemand, der z.B. häufig in Ärger oder Depression steckt, kann schwerlich Harmonie stiften.

Heilen wird hier gleichgesetzt mit der Wiederherstellung einer Harmonie, eines respektvollen Zusammenlebens der fühlenden Wesen eines Systems.

4.1.1. **Die fünf Elemente und unsere Körperzonen**
In meiner Arbeit mit den grossen Elementarwesen ist mir nach und nach aufgegangen wie sehr unsere innere Arbeit an einem der fünf Elemente Wirkungen auf eben dieses Element in unserer Umgebung hat. C bestätigt mir dies. Unser Lehrer Bob Moore hat uns während 20 Jahren folgendes unterrichtet:

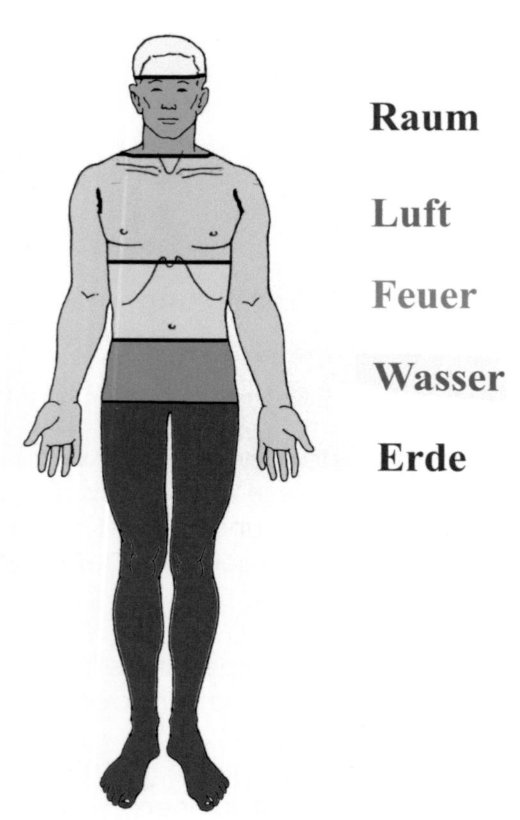

Das Solar Plexus-/ Sonnengeflecht- -Chakra liegt im Zentrum der Feuerzone unseres Körpers. Arbeiten wir an der Harmonisierung unseres Feuerelementes, so arbeiten wir an der Transformation des Sonnengeflecht-Chakras und seinem Gegensatzpaar: wir werden geführt von der Angst hin zu Liebe und Verstehen. Dadurch haben wir, dank der laufenden Energieübertragungen zwischen Menschen, eine direkte Wirkung auf das Sonnengeflecht der Menschen, denen wir begegnen. In seiner multiplikativen Wirkung geschieht eine bitter notwendige Umwandlung und Heilung des Feuerelementes in unserer Gesellschaft. Wir brauchen bloss an den übermässigen Gebrauch von Feuerwaffen, Selbstexplosionen, Atomkraft, etc. zu denken.

4.1.2. **Die Transformation der drei unteren Chakras**

Die drei unteren Chakras enthalten die Energie, die nach deren Transformation in der Feuergegend (Sonnengeflecht/

Solar Plexus), dem Herzchakra zuführt wird. Dort wird sie zu Mitgefühl und Freude. Ohne die Energie der drei unteren Chakras bleibt unsere Herzenergie kraftlos und langweilig; unsere Spiritualität bleibt eine Idee und ist nicht gelebt. Der Prozess ist in mehreren meiner Bücher beschrieben. [4, 5, 6]

Im Rahmen dieses Buches hier möchte ich bloss auf die Themen der drei unteren Chakras hinweisen. Diese Themenbereiche verbergen sich im allgemeinen in unserem Unterbewusstsein. Für eine wirkliche Erdheilungs-Arbeit ist deren bewusste Transformation unumgänglich.

Die Themen, die wir in den Griff bekommen müssen sind: Unsicherheitsgefühle, Erfolglosigkeit, Verletzbarkeit, unterschwellige Frustrationen und Ärger, Ängste aller Art, Minderwertigkeit/Überlegenheitsgefühle, Melancholie und Depressivität, Sexualität, Vitalität und Lebensfreude. Alle drei unteren Chakra enthalten ihr transformiertes Gegenstück. Die Möglichkeit der Transformation von einem Pol in den anderen definiert gleichzeitig was ein Hauptchakra ist.

Wurzelchakra : von Unsicherheit zu Sicherheit, Einfachheit
                          und Natürlichkeit
Harachakra : von Ärger und Frustration zu Harmonie und Ruhe
Solar Plexus : von Angst und Gier zu Liebe und Verstehen

4.1.3. **die Punkte unterhalb der Füsse**

Eine erfolgreiche Transformation der unteren drei Chakras öffnet uns auch den Zugang zum Bereich unterhalb unserer Füsse, dem Bereich der Schwarzen Madonna. Dieser Vorgang bringt uns in einen tiefen, herzlichen Kontakt mit Mutter Erde. Die ‚Tiefe Erdung' in diese Punkte hinein verlangt u.a., dass wir uns der subtilen Spannungen und Empfindungen in den Beinen, in den Fussgelenken und im Becken-/ Wurzelchakra-

/Steissbein-Bereich bewusst werden. (siehe auch Kapitel 2.3.) ‚Tiefe Erdung' ist eine lange Entdeckungsreise, die erlebt werden muss und beim Akzeptieren unserer selbst beginnt. Die folgende kurze Beschreibung muss deshalb unzulänglich bleiben:

o Ätherischer Erdungspunkt

Wenn wir einen guten Kontakt zur Erde suchen, so erfolgt dies im gefühlsmässigen Bezugnehmen zu diesem Punkt unter den Füssen, als ob wir versuchten 'Wurzeln in den Boden wachsen zu lassen'. Er befindet sich ca. 50 cm unter dem Boden.

o Inkarnationspunkt

Da unsere Aurahüllen uns dreidimensional umgeben, finden wir unsere spirituelle Aura auch unter den Füssen wieder. Der Inkarnationspunkt ist das Gegenstück zu unserem Individualitätspunkt. Je tiefer wir uns in unserem Bewusstsein mit der Erde und den Dimensionen unterhalb der Füsse verbinden, desto tiefer ist unsere Verankerung und damit das Akzeptieren unserer Lebensumstände, unserer Inkarnation und letztlich des göttlichen Urquells, der bedingungslosen Weite.

o Schwarze Madonna Punkt

In dieser Bewusstseinsreise hinunter in die Bereiche des weiten Unbewussten, öffnet der ‚Schwarze Madonna Punkt' das Tor zu den tiefen, kollektiven Dimensionen unserer Seele. Wir treten dort in einen gedankenfreien Teil unserer gottnahen Seelenschicht ein [17]. Die Gedankenstille bringt uns dazu die Öffnung. Die Schwarze Madonna steht für das jungfräulich Schwarze, die unbefleckte Empfängnis (Maria sei eine Inkarnation von ihr gewesen). Sie ist die (Gebär-) Mutter der Schöpfung und steht somit für den Ursprungs-Ort des kreativen

Potentials des Universums. Sie empfängt dort jeden Licht-impuls, aus dem dann eine neue Kreation entsteht.

o **Punkt des Christusbewusstseins**

C stimmte mir mit der Bezeichnung dieses Punktes zu. Wiederum entspricht dieser Punkt dem Verlassen des Bereichs der individuellen Seele und dem Eintreten in die planetarische, universelle Bewusstseinsebene. In meinem Verständnis hat uns das Beispiel Christi den Weg in die Tiefen des (Erd-)Bewusst-seins gezeigt. Wie unter 2.3. erwähnt zeigt uns sein Beispiel, wie wir mit der Licht/Liebe/Wahrheit-Energie, die er verkörpert hat, die Tiefen der Erde vitalisieren können. Dabei wird das vormals Düstere bleibend lichtvoll umgewandelt.

Ich fühle, dass sein Bewusstsein an diesem Tor auf uns wartet. Um diesen Punkt zu erreichen müssen wir Liebe, Mitgefühl und Freude mitbringen und gleichzeitig alle vorangehenden Etappen der tiefen Erdung eingegliedert haben. Unser Vordringen in diese Bereiche ist mit einem tiefen Akzeptieren unserer irdischen Inkarnation verbunden, einem Los- und Sinkenlassen. Sehr wahrscheinlich ist das ein gradueller und recht langer Prozess. Ich erinnere mich, als ich diese kurze Vision der Schwarzen Madonna hatte mit ihrem Willkommens-Gruss. Diesem Moment waren an die 40 Jahre Meditation und Loslassen von Identifikationen mit unnötigen Strukturen in mir vorangegangen. Doch ich habe da wohl eine etwas ‚lange Leitung'.

4.2. Die Energie-Mandalas heiliger Orte

Seit jeher suchen Menschen Orte auf, an denen sich das Heilige, das Sich-Verbinden mit unserer göttlichen Natur erlebbar wird. Die göttliche Dimension scheint uns ebensolche lange bevor es Menschen gab. Selbst wenn wir unterschiedliche Definitionen von ‚heiligen Orten' haben, können wir nicht umhin festzustellen, dass bestimmte Orte in unserer Umgebung eine Energiestruktur besitzen, die eine Verbindung mit der göttlichen Dimension erleichtern. Diese, von der göttlichen Dimension geschaffenen Orte, besitzen ein Energie-Mandala, das aus konzentrischen Energie-Kreisen und Kreuzungen von hochfrequentigen Energielinien besteht. Der Krindenhubel ob Sigriswil am Thunersee bei Bern weist z.B. eine solche Energiestruktur auf. Auf untenstehendem Bild sind zwei der drei konzentrischen Thronenkreise sowie seine zwei Energiekreuze sichtbar.

Warum haben die ‚Alten' diesen Energiestrukturen soviel Bedeutung beigemessen, dass sie über Jahrtausende ihre heiligsten Bauten danach ausgerichtet haben?

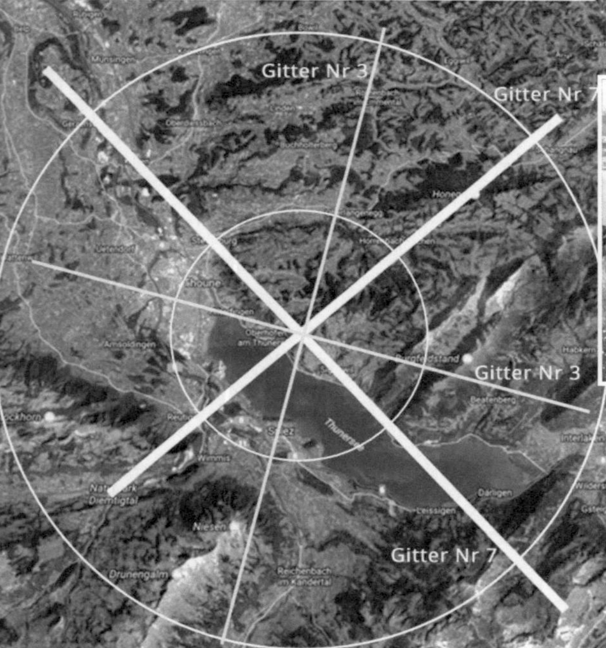

4.3. **Die Rolle der Throne und der Erdmutter**

Wir haben in Kapitel 3 die beiden Energiesignaturen Kreise und Erdgitter besprochen. Die Erd-Mutter ist, laut C, die Schöpferin der Energiegitter. Dass sich gleich zwei bedeutende Energiegitter am Krindenhubel kreuzen, hat offenbar auch sie veranlasst. Die Thronen-Engel haben zur gleichen Zeit, also lange vor dem Erscheinen der Menschen, hier am Krindenhubel drei konzentrische Kreise angelegt. Beide Strukturen, Kreuze und Kreise, können auf dem Gelände, einer Landkarte oder Google maps mit Händen, Pendel oder der Hartmannantenne relativ leicht geortet werden. Der innerste Thronenkreis befindet sich 8 km vom Zentrum, der zweite etwa 17 km und der dritte etwas über 50 km weit weg.

Die Gitter der Erd-Mutter strukturieren, bringen und verteilen Energie, die Kreise sammeln und konzentrieren diese Energie und weisen auf das Kreiszentrum, auf das Wesentliche hin. Kreuzungspunkte von Gittern erhöhen das energetische Potential des Ortes. Je höher der Rang des Gitters, desto höher seine Frequenz und die gemessenen Boviseinheiten (siehe Tabelle S. 108). Die Überlagerung mehrerer Energiegitter erhöht das energetische Potential des Ortes dementsprech-end. In den heutigen Kirchen z.B. ist der Kreuzungspunkt vor dem Altar und, wenn ein Querschiff besteht, befindet sich dieser Punkt an der Kreuzung von Quer- und Hauptschiff. Inwieweit wir das Potential auch wirklich nutzen, hängt davon ab, wie wir den Ort aktivieren und benutzen (S. 164 ff).

4.4. Heilige Orte heute damals

Alle diese Informationen erhalte ich von C. Alle Gitter, ausser Nr. 10, gab es seit jeher, doch wurden sie den Menschen erst bestimmten Zeitpunkten zugänglich gemacht. In der Darstellung S. 103 sehen wir, wie wichtig der Übergang von der Steinzeit zur Bronzezeit war. Denn z.B. die Gitter 4 und 5 waren nur einige Monate in Gebrauch. Eigentlich ging damals der Entwicklungssprung direkt vom Gitter Nr. 3 zum Gitter Nr. 6.

148

Die Geschichte lehrt uns, dass etwa zur selben Zeit das
Sumerer-Reich unterging, die alte Dynastie in Ägypten
endete, Stonehenge und andere ähnliche Orte in Europa
eingeweiht wurden. Zudem muss, durch die neuen Handels-
routen für Arsen, Blei, Zinn und Kupfer, ein ganz anderes
internationales Netzwerk entstanden sein. Ich bin überzeugt,
dass die Einführung des Kupfers auch auf geistiger Ebene
enorme gesellschaftliche Veränderungen ausgelöst hat.

Eine ähnliche Umwälzung ist offenbar Ende der Eisenzeit
geschehen, für die Dauer des Gitters Nr. 7, als in Europa viele
Kirchen und Kathedralen gebaut wurden.

Auf meine Fragen hin teilte mir C mit, dass **in Frankreich** z.B.
etwa 58% der Kirchen und Kathedralen auf solchen
Kreuzungspunkten liegen, z.T. auf mehreren sich überlagern-
den Gittern. Die übrigen 42% folgten offenbar rein architek-
tonisch/städtebaulichen Überlegungen. 12% von allen Bauten
liegen auf dem Gitter Nr. 3, 28% auf dem neueren Gitter Nr. 6.,
11% auf dem Gitter Nr. 7, 7% auf dem Gitter Nr. 8 und 10% auf
dem Gitter Nr. 10. Ähnliche Zahlenwerte finden wir in der
Schweiz, Österreich und Deutschland.

o **Die 12 1000jährigen Kirchen um den Thunersee**
1956 veröffentlichte Max Grütter ein Büchlein mit dem Titel
‚Tausendjährige Kirchen am Thuner- und Brienzersee' [10]. Um
den Thunersee in der Schweiz gibt es 11 Kirchen, die vor über
1000 Jahren erbaut wurden. Die 12te in Uttigen ist abgebrannt.
Im Rahmen seiner Diplomarbeit an der Berner Fachhoch-
schule für Architektur, Holz und Bau fand Daniel Schneiter
interessant, dass die 12 Kirchen mit z.T. geometrischen Linien
verbunden seien. Auch seine Dozentin Heidi Schuler-Alder
meinte, an seiner Intuition sei etwas dran. Sie befassten sich
allerdings nur mit den Standorten. Ihnen fiel damals die

identische Orientierung von 9 dieser Kirchen nicht auf.

Dass Energielinien alle Kirchen einer Gegend verbinden, ist nichts Aussergewöhnliches. Legt man z.B. bewusst drei Steine in einer Linie auf den Boden, so verbindet sie sehr schnell im Ätherischen eine Energielinie. Kirchen, wie auch Bankinstitute, sind auf vielfältige Weise miteinander verbunden: administrativ, kulturell, religiös, Austausch von Informationen, etc. In unserer Nachbarstadt Montignac haben die paar kleinen Bankfilialen feststellbare Energielinien, die sie untereinander verbinden (Illustration auf der nächsten Seite). Das ist unvermeidbar. Dass bei den Verbindungen manchmal geometrische Formen erscheinen ist ebenfalls unvermeidbar, besagt aber nicht viel.

Dass allerdings von diesen 11 bestehenden Kirchen 9 nach dem Gitter Nr. 6 und eine nach dem älteren Gitter Nr. 3 orientiert sind, finde ich spannend. Nur die Kirche in Hilterfingen ist nicht nach einem vorhandenen Energiemuster orientiert oder plaziert. Es lässt sich daraus schliessen, dass zur Bauzeit der ersten Kirchen oder Kultorte an diesen Orten jemand diese Energie-gitter kannte und wusste, dass die Orientierung der Kirche wesentlich zu ihrer Energie beitragen würde. Es muss ein Wissen von Baumeistergilden oder Spezialisten innerhalb der Kirche gegeben haben. Zumindest mussten sich Kirchenväter, Baumeister und Stadtverwaltungen über die Bedeutung einig sein. Denn oft liegen diese Kirchen quer zum städtebaulichen Plan.

Energielinien, die vier Banken untereinander verbinden.

Was ich dabei wesentlich finde, ist, dass ein Wissen um das Heilige in der Landschaft vorhanden war und so stark zählte, dass alle diese Kirchen oder alten Kultbauten danach orientiert wurden. Nordöstlich von Uttingen an der Aare befindet sich ebenfalls eine Gitter 6 Kreuzung. Womöglich stand vor 1000 Jahren eine Kirche an diesem Ort. Vielleicht wurde später der Standort wegen Flusskorrekturen und dem verlorengegangenen Wissen ins Dorfzentrum zurückverlegt.

Standort	Gitter	Baujahr der heutigen Kirche	erster Bau am Ort
Amsoldingen	6	7./8. Jhdt	451 AD
Aeschi	6	10. Jhdt.	379 AD
Einigen	6	7. Jhdt.	450 AD
Hilterfingen/Oberhofen	-	7./8. Jhdt.	847 AD nicht energ. orientiert
Leissigen	6	9./10. Jhdt.	883 AD
Scherzligen	6	um 500	455 AD
Sigriswil *	6	1128 AD	438 AD
Spiez	6	7./8, Jhdt	736 AD
Uttigen (abgebrannt)	ev. alter Standort a.d. Aare		718 AD energetische Spur
Thierachern	6	romanisch	533 B.C. druidisch
Thun	3	Schlosskirche	533 B.C. druidisch
Wimmis	6	7./8. Jhdt	742 A.D.

*) heutiger Bau nicht mehr genau orientiert, die Friedhofswege sind es allerdings noch

○ **Die orientierten Kirchen in der Bretagne**

Die Orientierung der meisten Kirchen in der Bretagne mit den Hauptlinien des Gitters Nr. 6 (gelb); in rot die nach dem Gitter Nr. 3 orientierten Kirchen.

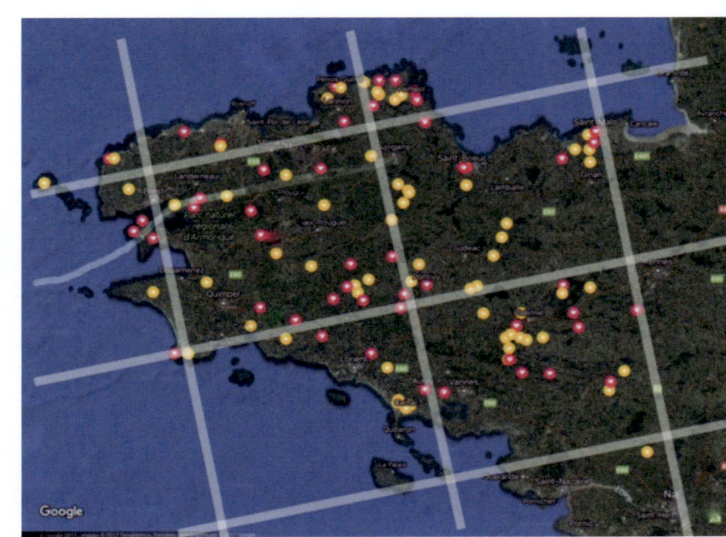

Daniel Perret – ERD-HEILEN

o   Die orientierten Kirchen in der Dordogne

Das Phänomen der orientierten Kirchen ist überall in Westeuropa zu finden. Vielleicht ist es der leichte Zugang zu
Luftaufnahmen mit Google Maps, der es erst in unserer Zeit

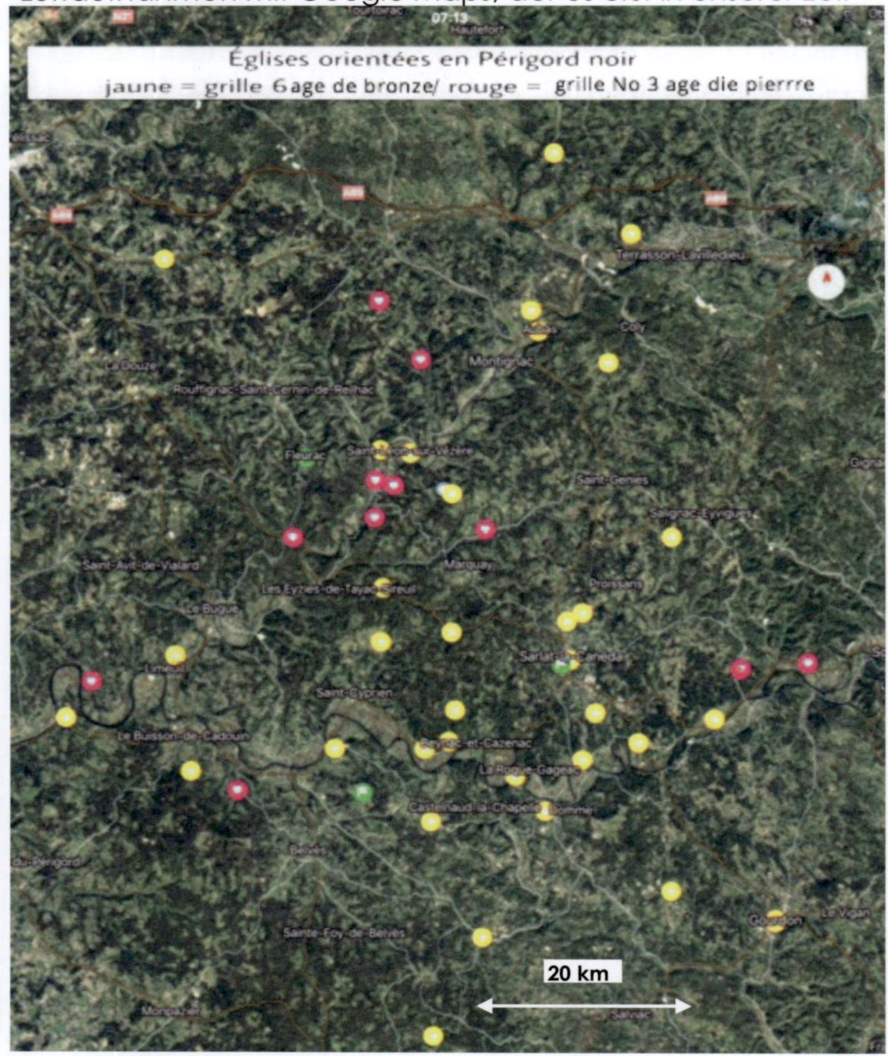

erlaubt, die identische Orientierung zahlreicher Kirchen, Dome und Kathedralen zu bemerken. Hier eine Luftaufnahme der Dordogne mit den orientierten Kirchen: gelb für die nach dem Gitter Nr. 6, und rot für die nach dem Gitter Nr. 3 orientierten Kirchen.

4.5. **Das Erbe Sitting Bulls und die Missverständnisse des neuen Schamanismus**

Ich habe tiefen Respekt vor der traditionellen Weisheit der Urvölker. Dies umfasst für mich besonders die tibetische Kultur und diejenige der nordamerikanischen Indianer. Ich bin überzeugt, dass es früher an jedem Ort auf der Welt, inklusive in unseren Breiten, dieselben Weisheiten gab. Sonst hätten die Menschen ganz einfach nicht überleben können. Wir leben in der Dordogne ganz nahe bei Lascaux und anderen bemalten Höhlen der Steinzeit. Die Spuren der alten Weisheiten, des Eingebettetseins in die sakrale Dimension der Landschaft, sprechen zu uns von den bemalten Wänden.

Foto: Andrew Jackson

Dennoch bekümmert mich die Modeerscheinung, den Hinweis zum Spirituellen in der Natur mit Schamanismus zu umschreiben. Leider ist damit allzuoft auch ein etwas leichtfertiges, weitgehend unüberlegtes Kopieren der natürlichen Weisheit und der Rituale anderer Völker zu beobachten.

154

Der Arzt Jacques Mabit publizierte 2005 einen brillanten Artikel mit dem Titel: „LE MALENTENDU NÉOCHAMANIQUE PEUT DEVENIR GIGANTESQUE"/Das neoschamanistische Missverständnis kann gigantisch werden. Der Artikel ist zuerst in der Zeitschrift *Synodies* « Le transpersonnel ? », Ed. GRETT erschienen. Er ist im Internet leicht zu finden und sehr lesenswert. Ich werde hier nur das Wesentliche zusammenfassen.

„Amazonas Schamanismus" und „Westliche Kursteilnehmer". Die Verbindung dieser beiden Begriffe hätte unsere Vorfahren sprachlos gemacht. Denn man überquert nicht pfeifend die tausendjährige Kluft, die unsere moderne Zeit von der prähistorischen Magie trennt. Nach Jacques Mabit ist die Begegnung von Schamanen und ‚Westlern' sehr oft eine Illusion, die auf viel Naivität beruht, auf kindlicher Ungeduld, komfortablen Gewohnheiten, der zu lange schon fehlenden Verbindung zur Natur, der Wildheit unseres Körpers und des Unbewussten und vor allem einer krassen Ignoranz der symbolischen Dimension des Erlebten, gekoppelt mit der Allmacht des westlichen Egos. Unsere Erziehung, die Entwicklung unseres Mentalen, die moderne Umgebung in der wir leben und aufgewachsen sind, macht uns zu ganz anderen Menschen, als die einer traditionellen noch weitgehend sippenhaft organisierten Gesellschaft. Allzuleicht haben wir die Tendenz Abkürzungen für unsere spirituell-emotionale Entwicklung zu suchen, wo es keine Abkürzung gibt sondern nur konsequente, systematische, geduldige und langjährige Arbeit an unseren inneren Strukturen. Es ist leicht sich eine sogenannte Schamanentrommel zu besorgen, einen breitrandigen Hut aufzusetzen und zu denken mit einigen Ritualen hätten wir das Wesentliche verstanden …und überstanden.

Eine Freundin von mir hat über lange Jahre Schamanen in der Mongolei studiert und gefilmt. Ihr fielen unter anderem die Unterschiede zwischen männlichen, oft manipulierenden, machtorientierten Schamanen und ihren in der Regel mitfühlenderen weiblichen Kolleginnen auf.

Sitting Bull, Takanka Yotanka, war ein Schamane, Heiler und spiritueller Lehrer ersten Ranges. Obwohl nicht viel darüber zu lesen ist, haben er und ähnlich grosse Lehrer der Urvölker in tiefen Meditationen zur Harmonisierung und Regenerierung ihrer Umgebung, einschliesslich der Elementarwesen aller Art, beigetragen, dies ohne viele Worte. Grossherzigkeit und langjährige Erfahrung liess ihren Heilmeditationen eine ungeahnte Grösse und Weite eigen sein. Seine Seele kann uns heute noch wegweisend zur Seite stehen.

4.6. **Die Schwarze Madonna**
Die Schwarze Madonna ist ein unfassbares Rätsel, ein Mysterium. Dennoch versuche ich darüber zu schreiben. Sie ist der Schlüssel zur Heilung der Erde und all ihrer Wesen. Sie ist der Schlüssel zu unserem inneren Frieden, denn sie ist die Natürlichkeit, die Einfachheit, das Allumfassende, die Matrix, der Ursprung der Schöpfung. Erdheilen geht nicht ohne sie in unserem zutiefst Inneren aufzusuchen. Sie ist unsere Ur-Mutter.

Seit einigen Jahren begleitet sie mich. Das begann im September 2011, als ich mit einer Heilungsgruppe stundenlang meditierte. Eigentlich war ich eine Art Co-Leiter und hätte mich für die Gruppenteilnehmer verantwortlich fühlen müssen. Diese waren zum Teil mit schweren Krankheiten gekommen. Ich versank in jener Meditation in einen gedankenfreien Zustand. Kurz vor Schluss jener Meditation dachte ich plötzlich: "Da sitze ich und denke nicht einmal mehr an die Anwesen-

den!" In dem Moment tauchte ein weibliches Gesicht etwa einen halben Meter vor mir auf und sprach: "Jetzt kannst du in das Mysterium der Schwarzen Madonna eintreten."
Irgendwann ging mir auf, dass die Abwesenheit von Gedanken eine Voraussetzung ist, um mit ihr näher in Kontakt zu kommen. Dadurch dass meine Freundin Eva Høffding, vom Ignatius Healing Center in Dänemark, sie kanalisiert, hat die Schwarze Jungfrau, wie sie auch manchmal genannt wird, eine konkrete, beinahe menschliche Dimension erhalten. Ich hatte immer Mühe, mir Geistwesen konkret vorzustellen oder sie zu fühlen. Sie sprechen und manchmal antworten zu hören war deshalb sehr hilfreich. Gleichzeitig hat dies das Mysterium nur noch vergrössert. Wie konnte ein ‚Archetyp', die Erdgöttin, die Mutter der Schöpfung reden und sich persönlich an eine Gruppe wenden?

Album auf danielperret.bancdcamp.com

Wir sind es gewohnt, dass der männliche Pol, der Schöpfer, der Grosse Geist, das göttliche Wesen nicht zu uns spricht oder nur höchst selten. Dass aber sein weibliches Gegenstück normal spricht, denkt und empfindet, wie ein Mensch, das übersteigt nicht nur meine Vorstellung. Und dennoch ist es für mich eine Tatsache, denn Eva's Kanalisierungen sind von hervorragender Qualität. Ich kenne Eva Høffding seit fast vierzig Jahren. Sie hat bei demselben Lehrer Bob Moore studiert wie meine Frau und ich.

> *„Ich bin die Schwarze Madonna. Das Schwarze ist meine stille Kraft. Ich arbeite in alle verborgenen Ecken hinein, damit alles ins Licht rücken kann. Mutterschaft enthält tiefe Stille. Ich bin die Mutter. Ich bin die Mutter der Menschheit. In meinem Schoss hüte ich grosse Stille.*
> *Von mir entspringt alles Leben. Nimm die Nahrung, die ich gebe, denn sie bringt Dir Frieden in Denken und Herz. Das Verschmelzen mit mir ist eine Pilgerreise. Lass alles durch Dich hindurchströmen. Sinke tief in Deine eigene schwarze Stille, dann wird sich meine Liebe und das Mysterium in Dir entfalten."*
>
> Kanalisierung von Eva Høffding [15]

Die Schwarze Jungfrau, oder das jungfräuliche Schwarze, ist die Erdgöttin aller Zeiten, die Isis der Ägypter. Der Ausdruck ‚Gaïa' bezieht sich auf sie, obwohl ‚Gaïa' auch eine Art Egregoranteil in sich hat, also von Menschen geschaffene, emotionsgeladene Projektionen. Es gibt kein anderes Geistwesen, das die Erde gewissermassen verkörpert, auch nicht der Erdengel. Dieser ist ein Engelwesen, das innerhalb der Engelhierarchie funktioniert und göttliche Inspirationen zu den Engeln der Kontinente hinunterleitet.

Die Rolle der Schwarzen Madonna ist ganz anders. Sie ist die Mutter der Schöpfung im weitesten Sinne. Wie Isis ist sie deshalb auch die Königin der Nacht und des Universums. Sie ist die Urmutter, die jedes einzelne Wesen auf Erden willkommen heisst und mit ihrer unermesslichen Liebe empfängt. Ich fühle manchmal, dass die Schwerkraft eine ihrer Dienerinnen ist, indem sie alle zu ihr hinführt und uns den Weg zu ihr weist.

Weil sie die Richtung nach unten zeigt und damit den Weg zu den unteren drei Chakras, ehrt die Schwarze Jungfrau die Erde und steht für Ökologie und Umweltbewusstsein. Als Urmatrix und jungfräuliches Schwarzes ist sie die zeitlose Quelle der Kreation, der Kreativität. Um jedoch in dieses jungfräuliche Schwarze in uns vorzudringen, müssen wir lernen in den Raum ohne Gedanken, ohne vorgefasste Meinungen einzusteigen. Das ist der Raum der spontanen, konzeptlosen, authentischen Kreativität. Als Musiker und Kursleiter unterrichte ich seit Jahren diesen reinen Ansatz in dem unser Innen gleich unserem Aussen, Innenleben identisch mit unserem Ausdruck wird, Meine Frau macht das gleiche in ihren Kursen mit spontanem Malen.

Meister Eckhart soll gesagt haben „Der Urgrund der Seele ist Schwarz." „Deshalb führt uns das Vermeiden des Schwarzen zu oberflächlichem Leben, abgeschnitten von unserem Ur-Grund, unserer Ur-Tiefe. Die Schwarze Madonna lädt uns zu sich ein ins Schwarze und damit in unser zutiefst Inneres." [8]

Über sie wurde viel geschrieben. Ich habe sie in verschiedenen Büchern erwähnt: über ihre Inkarnation als Mutter Gottes, über ihr Auftauchen in der Mysterienschule von Eleusis, und wie sie nach Alesia in Frankreich als Statue kam und dort offenbar vor langer Zeit auch eine ihrer Erscheinungen hatte. Alesia wurde von etwa 2500 bis 500 B.C. zu einem der wichtigsten geistigen Zentren des europäischen Kontinentes. Dies setzte sich noch fort bis zur Schlacht von Alesia im Jahre

A.D. 54, nach der Cäsar alle Spuren dieser Religion auf dem Kontinent zerstörte. Ihre Statuen tauchten allerdings wieder ab 800 A.D. in der Auvergne und verschiedenen anderen Stellen Europas auf. Siehe dazu auch Kapitel 5.1.14 S. 187.

Unser Kontakt zu ihrer Energie stösst, wie in Kapitel 2.3. erwähnt, auf **ein kulturelles Hindernis**. Wir setzen den Raum unter der Erdoberfläche oft mit der ‚Unterwelt' gleich, dem ‚Bereich der Toten', der ‚Welt der Dämonen' und dergleichen. Dies lässt sich u.a. dadurch erklären, dass in unserer Aura, etwa von der Gürtellinie abwärts, der Grossteil unseres Unbewussten zu finden ist, individuell wie kollektiv. Solange wir nicht gelernt haben damit umzugehen und mehr Bewusstsein hineinzubringen, löst dieser Bereich, wie oft alles Unbekannte, Ängste in uns aus. Wir vermeiden ihn. Für unseren Kontakt mit der Mutter Erde, der Erdgöttin, ist dies verhängnisvoll, da wir Erde mit Angst und unkontrollierten Fantasien verbinden.

Der Protestantismus hat sie zudem zusammen mit Maria, einer Inkarnation von ihr, aus unserem Bewusstsein entfernt. Dadurch wurde uns das Erleben ihrer mystischen Dimension erschwert.

All dies hat problematische Auswirkungen auf unser Verhältnis zur Erde. Während des 20. Jahrhunderts wurde geglaubt, alle Unreinheiten, Viren und Bazillen kämen von unserem Kontakt mit der ‚schmutzigen' Erde. Unser sinnloser Kampf gegen diese uns überall umgebenden ‚Feinde' hat zum Missbrauch der Antibiotika geführt und zu eigentlichen Epidemien, wie ich sie in meinem Buch beschrieben habe [6]. Wir dachten lange, wir könnten die Erde ausbeuten, müssten ihre Böden masslos mit Chemie verbessern und sie als Müllhalde gebrauchen. Dies beginnt mit dem acht- und lieblosen Wegwerfen von leeren

Dosen, Flaschen, Papieren, Zigarettenstummeln, etc. Ökologie und Erdheilen sind erst dann möglich, wenn wir uns mit dem unteren Teil unserer Energie auseinandersetzen und befreunden. Das beginnt mit der Integration der Energie der unteren drei Chakras.

Als ich das erste Mal nach Montserrat bei Barcelona kam und in der Kapelle der Schwarzen Madonna meditierte, hatte ich ein tiefes Erlebnis. Während etwa einer halben Stunde fühlte ich wie meine Energie tiefer und tiefer sank. Ich schien wie eine Feder unendlich lange niederzuschweben. Gleichzeitig war es mir, als würde ich wie ein tibetanischer Mönch Töne singen, die tiefer und tiefer hinunterglitten. Kürzlich besuchte ich wieder Montserrat. Die Schwarze Madonna zeigte sich in einer neuen Rolle, wie eine Therapeutin, sehr konzentriert auf die Transformation der einzelnen Teilnehmer in der Gruppe. Gegen Ende einer Meditation kam in mir der Satz mit einer Gefühlswelle hoch: „Ich liebe Dich Grosses Mutterwesen". Das ist eine gefühlsmässige Übersetzung dessen, was auf Englisch kam als: „I love you Mother", wobei der Begriff ‚Mother' / Mutterwesen sehr weit ist und sich nicht auf die leibliche Mutter bezog. Die Worte versuchen etwas unbeholfen ein Gefühl wiederzugeben.

In Träumen können wir erleben, wie wir jahrelang an steilen Wänden oder dergleichen hochzuklettern versuchen, bis wir eines Tages zu ‚fallenden Träumen' übergehen. Es sind unsere Ambitionen, die uns übertrieben steile Wege hochgehen lassen. Wenn wir bescheidener, natürlicher werden, nähern wir uns dem Bewusstseinsbereich der Schwarzen Madonna. Die Schwerkraft, wie wir sie z.B. im Element Erde und Wasser sehen, führt sie immer hinunter zu einer ruhenden Stelle. Wenn wir in Träumen fallen, so deshalb, weil wir uns einem natürlichen

Zustand nähern und überdimensionierte, stressige Bestrebungen aufgeben. Der Bereich der Schwarzen Madonna ist ein Bereich ohne Gedanken, in dem Sinne, dass unser inneres Radio still wird. Wir mögen noch ab und zu in Meditationen einzelne Gedanken und halbe Sätze haben, doch nichts in uns füttert diese mehr. Sie verschwinden nach drei, vier Worten in den Hintergrund, sind nicht mehr wichtig. Der Fluss unserer Gedanken wird oft von unkontrollierten Emotionen gefüttert, wie Minderwertigkeitsgefühlen, Kränkungen und Ängsten aller Art. Haben wir diese erfolgreich transformiert, versiegt ihr Einfluss und damit unser inneres Radio.

> *„Mein Weg ist nicht dem Alten zugewendet, vielmehr ist er eine Öffnung zum Neuen hin. Denn Offen sein **ist** ‚das Neue', der neue Weg sich mit dem Göttlichen zu verbinden, mit Geist, mit Euch selber and anderen Menschen. Offenheit löst Schande und sogenannte Sünde auf, denn beide sind im Ego verhaftet oder in der Dunkelheit der Persönlichkeit, die sich verbirgt. Offenheit ist assoziiert mit Ehrlichkeit, und diese beiden Qualitäten werden Euch helfen und den Weg zeigen, wie Ihr Euch der Liebe hingeben könnt."*
>
> Kanalisiert von Eva Høffding [15]

4.7. **Der Vater der Schöpfung**

Wir pflegen an einen ‚Gott im Himmel' zu denken. Die Buddhisten sind da vorsichtiger und gebrauchen keine personifizierten Gottheiten in unserem Sinne. Dennoch hat wohl niemand ernsthafte Zweifel an einer schöpferischen Intelligenz. Doch wenn uns Seelen aus dem Jenseits von einer Zone des Schöpfers berichten [11], gelingt es keiner letztlich hinter den Schleier des Schöpfers zu sehen. Ich möchte hier eine etwas weiter gehende Sichtweise wagen. In Kapitel 3, Abschnitt 1 (S. 49) beschreibe ich, was C mir über das göttliche Energiefeld und seine 21 Sphären mitteilte.

Persönlich denke ich, dass die Trinität (Sphäre 21) und die Sphären 17-20 als die Dimension der Schöpfer verstanden werden könnte. Wenn ich C richtig verstehe, gibt es darüber einen einzigen Schöpfer. Nach der eingehenden Beschreibung des ‚weiblichen' Pols der Schwarzen Madonna, scheint es mir wichtig, auch zu einer etwas differenzierteren Idee des ‚männlichen' Pols zu gelangen, wie die 21 Sphären es suggerieren. Vielleicht können wir generell sagen, dass es für eine Befruchtung im Schoss des Ur-Weiblichen ein Licht und Liebe Impuls nötig ist, eine Idee, die es in die Welt zu bringen gilt.

Ich liebe den Umstand, dass die Worte Intuition, Impuls, Inspiration, Idee alle mit einem **i** beginnen, einer vertikalen Linie mit einem Punkt darüber. Ein Punkt, der den Schöpfer, den Grossen Geist oder einfach das göttliche Feld darstellt. Dieser Punkt ist möglicherweise ein Dreieck mit den drei Aspekten der Trinität: der Schöpfer als Ursprung der Ideen und Impulse, die Schöpferkraft des Heiligen Geistes, die Leben einhaucht und der Sohn Christus.

4.8. **Der Heilige Geist**
Es fällt mir nicht leicht meine Gedanken dazu in Worte zu fassen. Doch scheint es mir wichtig, dass wir uns als Individuen, unabhängig von Autoritäten, Gedanken darüber machen, auch wenn diese über Jahre hinweg reifen müssen. In diesem Sinne füge ich hier zwei Kanalisierungen durch Eva Høffding zum Heiligen Geist bei:

„Der Heilige Geist steht in Bezug zur Liebe, zur Kreation durch die Liebe. Seht Ihr, dies ist warum wir (Geistwesen)

hier sind. Wir sind hier um Gottes Schöpfung durch den Heiligen Geist hier auf Erden zu manifestieren. Der Heilige Geist ist der Impuls, der bis in die materielle Welt hinein zirkuliert, vom göttlichen Feld der Liebe her, vom göttlichen Feld des Schöpfers. Das ist es, was die Dinge auf Erden zu Leben erweckt. Es ist wegen des Heiligen Geistes, dass Ihr lebt und existiert in dieser materiellen Welt. Bitte versucht dies zu verstehen."

19 mai 2013 [15]

„Der Heilige Geist ist das Ausatmen Gottes. Dieses Ausatmen ist die schöpferische Kraft des Universums, es ist das Ausatmen der Liebe, das Ausatmen der Schöpfung von der wir alle ein Teil sind. Der Heilige Geist ist der Wind, der Heilige Wind, der Leben in alles hineinbläst, der Leben in Eure Lungen bläst. Es ist eigentlich das Leben der Liebe. Der Heilige Geist ist der Impuls durch den die Geistwesen arbeiten, vom göttlichen Feld herrührend."

18. Januar 2014 [15]

Der schöpferische Impuls könnte von Gott, dem Schöpfer, dem Grossen Geist kommen. Der Heilige Geist mag die Motivation sein, diesem Impuls Leben einzuhauchen. Es bleibt an uns zu verstehen, was die Rolle Christi in der Trinität ist. Ich bin kein Theologe und relativ unbelesen in diesen Dingen. Doch es liegt in meiner Natur, mir selber Gedanken dazu machen zu müssen.

4.9. **Der Christusimpuls**

Das Wesentliche an den Unterweisungen Christi ist weltumfassend und nicht an eine bestimmte Religion gebunden, etwa so, wie die Worte Buddhas oder Lao Tse's ebenfalls universellen Charakter haben. In meinem Verständnis erschien

Christus, um einen neuen Impuls zu bringen. Dieser umfasst in seinem Kern: die Verstärkung des Mitgefühls, das co-kreative Individuum als zur Evolution beitragend, mit einem freien Willens (u.a. eine Abkehr vom sippenhaften Verhalten), das Feiern der Lebensfreude sowie die tiefe Revitalisierung der Erde. Den letzten Punkt habe ich unter Kapitel 2.3. näher ausgeführt. (S. 42) Dieser scheint mir im Zusammenhang mit der Erdheilung von zentraler Bedeutung zu sein. Christus sehe ich in einer Coach und Vermittler-Rolle zwischen ‚Himmel' und ‚Erde', dem Göttlichen und dem Menschendasein, als Wegweiser zur Kooperation und der Manifestation der Liebe.

Der Frühling um Ostern herum ist überwältigend mit seinem Ausbruch von Lebensfreude, Kreativität und Schönheit. Ostern musste deshalb das Fest der Auferstehung sein.

4.10. **Die Aktivierung eines heiligen Ortes**
Die Aktivierung eines heiligen Ortes beruht in erster Linie auf einer reinen, nicht-egobasierten Motivation. Als erstes muss um die Aktivierung gebeten werden. Dies ist an sich kein kompliziertes Vorgehen, doch eine nicht-egobasierte Motivation mitzubringen ist die Hauptschwierigkeit. Ohne sie ist eine Aktivierung nicht möglich, denn sie setzt eine Kooperation mit den Licht-Geistwesen des Ortes voraus. Die meisten heiligen Orte sind nicht aktiviert, denn das dazu erforderliche Wissen, wie auch das Wissen der persönlichen Transformation zum Egolosen hin, ist weitgehend verloren gegangen.

Eine erfolgreiche Aktivierung wird das Energieniveau für etwa zwei Jahre halten können. Danach ist eine erneute Aktivierung erforderlich. Das ist gut so. Ein Ort muss lebendig gehalten werden. Das erhöhte Energiepotential ist grundsätzlich allen

Besuchern zugänglich, doch vielleicht wissen nur wenige, wie man davon Gebrauch macht. Es ist ein Geben und Nehmen.

Die Energie eines Ortes setzt sich aus verschiedenen Aspekten zusammen: die Energiestrukturen der göttlichen Dimension doch auch die Gedanken und Emotionen der Leute, die diese hier deponieren. Letztere nennt man auch Egregore. Der emotionale Aspekt eines Ortes kann gereinigt werden. Damit wird das Energieniveau ebenfalls erhöht. Das Wort 'Energie' soll uns nicht vergessen lassen, dass dahinter meistens Wesen der göttlichen Dimension mitwirken.
Zusammenfassend: Es ist die Art und Weise, wie wir einen heiligen Ort benutzen, die sein Energieniveau sowie seine wohltuenden und eventuell heilenden Effekte auf uns auslösen.

4.11. **Vom nutzbringenden Gebrauch und Erleben eines Ortes**

Da wird es erst spannend. Erleben ist, worum es eigentlich geht, nicht verstehen allein. Meine persönliche Erfahrung betrifft vor allem einen alten heiligen Ort in der Natur nahe bei uns. Dort ist weder Bau, noch Menhir, noch regelmässige menschliche Aktivität zu beobachten. Obwohl ich die Energie des Ortes vor und nach der Aktivierung messen kann (sh. S. 105), bleibe ich am Ort selbst allein mit meinen Wahrnehmungen, meinen Gefühlen und Zweifeln des Tages. Ich erinnere an die Zeichnung unserer Energiefelder und dem vertikalen Strahl. Ich erwähnte drei permanente ‚Baustellen'. Mit denen sind wir auch an einem energiestarken Ort konfrontiert: Zweifel am Oben, Zweifel am Wohlwollen der Erde gegen unten, Zweifel an unserem Selbstwert, etc.

Obwohl ich nicht zu denen zähle, die ein hohes Energieniveau an einem Ort ohne weiteres fühlen können, merke ich, dass über die Jahre dieser heilige Ort mich mit seiner Schlichtheit und hohen Energie beeinflusst hat. Doch jedesmal, wenn ich hingehe, fühle ich mich wie eine jungfräuliche Photoplatte. Es liegt an mir, mich zu öffnen, verfügbar zu machen, mir Zeit zu nehmen und mich allenfalls hinzusetzen um den Ort zu erleben, wie er heute auf mich wirkt.

Nach C genügt es 8 Minuten am Ort zu sein und um Hilfe zu bitten. Ein stark geladener Ort hält für uns ein Potential regenerierender, beruhigender und heilender Energie bereit. Ich bemerke über die Jahre, dass jeder den Ort auf ganz individuelle Art erlebt, je nach seiner momentanen inneren Verfassung. Ich weiss, dass am Ort viele Lichtwesen zur Verfügung stehen. Es gibt dort z.B. auch zwei spezifische Heilungsorte, einer für eher physische Probleme, der andere eher für emotional-mentale Fragen. An beiden dieser Orte findet man ein sogenanntes magisches Quadrat. [6] Einen Ort erleben, ist einen Ort lieben, ist sich lieben an dem Ort und dankbar sein.

Auschwitz mit 4 Thronenkreisen

4.12. **Das Heilen von Auschwitz**

Rechtsextreme Parteien gelangen in jüngster Zeit wieder in die Regierun-gen europäischer Staaten. Bei jedem Wahlgang müssen die Menschen wieder entscheiden, ob sie diese rechts-extremen Ideologien und Parteien ablehnen wollen oder nicht. Was auf dem Spiel steht, ist ernst.

Kürzlich stiess ich auf etwas Unerwartetes. Ich habe beschrie-ben, dass eine spezielle Art heiliger Orte vor sehr langer Zeit von hohen Geistwesen ausgesucht worden war. Diese sollten eines Tages zu wichtigen heiligen Orten werden. Wie weiter oben erwähnt, weisen diese Orte drei oder vier konzentrische Thronenkreise auf und oft auch noch eine wichtige Kreuzung von Energielinien. Ich habe wohl Hunderte solcher Orte auf ihr energetisches Muster hin untersucht und weiss mit Sicherheit, dass dies heilige Orte sind. Üblicherweise finden wir Kathedralen oder dergleichen an solchen Orten. Wir

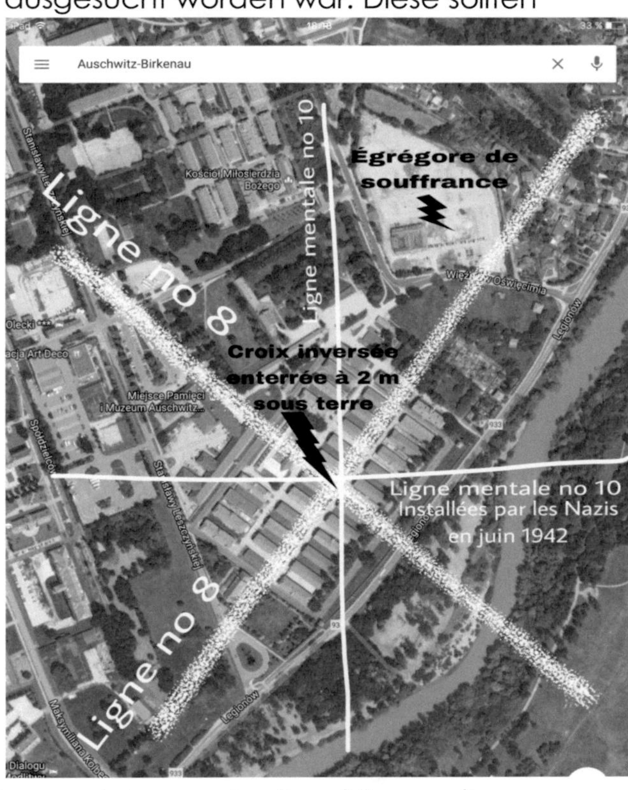

finden dieselben Energiemandalas auch oft auf Berg-spitzen

besonders bei alten heiligen Bergen wie diesem von den
Navajo Indianern verehrte Berg.

Zu meinem Erstaunen finde ich dieselbe Energiestruktur in und
um das KZ Auschwitz, aber auch um das nur 100 km weit
entfernte Jasna Góra in Czestochowa mit seiner Schwarzen
Madonna. Ich fand ein vergleichbares Energiekreuz an Hitlers
Adlernest in Berchtesgaden, allerdings ohne Thronenkreise. Ich
erinnerte mich daran, dass sich ein Teil der Nazielite für den
esoterischen Gebrauch von Energie interessierte. Ihr Wissen,
wie falsch motiviert es auch war, erlaubte ihnen den Standort
von Auschwitz-Birkenau zu finden und dort ein Konzentrations-
lager zu errichten. Wissentlich haben sie diese alte heilige
Stelle missbraucht und die Energie umgepolt.

Die Tatsache, dass der Ort der Schwarzen
Madonna von Czestochowa energetisch
dasselbe Mandala aufweist, liess mich
näher untersuchen, was diese beiden Orte
gemeinsam haben. Sie scheinen in einer
gegensätzlichen Polarität zu stehen. Ich
habe über die tiefere Natur der Schwarzen
Madonna weiter oben geschrieben (4.6.).
Sie ist die Mutter der Schöpfung und der
Kreativität. Sie ist heutzutage aktiv mit ihrer
Verbindung zu Auschwitz und dem
faschistischen Gedankengut im heutigen
Europa. Faschismus ist das Gegenteil von
ihrer Energie: Nicht-Respekt der
individuellen Ausdrucks-Freiheit, des freien

Fotograf unbekannt

Willens und damit Unterdrückung der Kreativität. Ich fragte C
nach dem Grad der Heilung, die die zahlreichen Gebete in
und für Auschwitz seit dem 2. Weltkrieg bewirkt haben. Ihre

Antwort war: „knappe 12%"! Ich war betroffen. C erklärten, dass eine vollständige Heilung der Energien und Erinnerungen um das KZ Auschwitz-Birkenau nur dann geschehen werde, wenn die Menschen Europas wirklich verstanden hätten, was Faschismus eigentlich bedeutet, und sie diese Ideologie abgelehnt hätten. Ich weiss nicht wieviele Flüchtlinge Europa heute aufnehmen sollte. Ich sehe nur, dass diese Frage all die Ängste hervorbringt, welche die rechtsex-tremen Parteien ausnützen um Macht zu gewinnen. Wir alle wissen, wozu Staatsfaschismus fähig ist.

Faschismus baut auf Ängsten auf und löst bewusst Angst aus, um an der Macht zu bleiben. Dabei geht es diesen Ideologien nicht darum Angst zu verstehen und die Menschen davon zu befreien. Kreativer Ausdruck dagegen ruft Freude und Freiheit hervor. Er macht die Seelenaufgabe der Individuen stärker, und hat Mitgefühl, Liebe und Verstehen zur Grundlage. Dies sind Werte des Herzens*. Unser Lehrer sagte wiederholt: ‚Liebe gibt es nicht .....ausser man drückt sie aus.' Das ist die Auf-gabe des kreativen Ausdrucks. Angst, Absonderung und das Bauen illusorischer Mauern um uns herum sind Kennzeichen der Solar Plexus Mentalität. Es ist diese Transformation des Solar Plexus Chakra und die Befreiung dessen Energie zum Herzen und Hals Chakra hin, dem Chakra des Ausdrucks, das unsere Energie und Mentalität dauerhaft umwandelt. Das ist echter Fortschritt.

Das Herzchakra gehört zur Luftzone mit seiner starken Verbindung zu inniger Freude, Grosszügigkeit und der Verbindung zum Spirituellen. Wir müssen darüber ernsthaft nachdenken und diskutieren.

*) spirituelle Werte, auch Werte des Herzens genannt, besitzen eine höhere Schwingungsebene. Im Hara Chakra sind es ‚Ruhe', ‚Vitalität', im Gegensatz zu ‚Ärger', ‚Zorn', ‚Frustration', die das untere Frequenzsprektrum des Hara Chakras repräsentieren. (siehe auch S. 143)

Inwieweit sind Tiere fühlende Wesen?

Foto: Evan Switzer

Kapitel 5

Veränderungen die Anpassung und Heilen verlangen

In diesem Kapitel möchte ich zwischen zwei Arten von Veränderungen unterscheiden: Endogene - von Menschen verursachte, und Exogene, die wir als ‚gottgewollt' oder als ‚vom Universum' her kommende Veränderungen bezeichnen können. Bei unserem heutigen Wissensstand ist die Unterscheidung nicht immer einfach.

Bei Naturkatastrophen z.B. stellt sich die Frage, in welchem Grad sie nicht vom Menschen mitverursacht werden. Während bei Waldbränden und Überschwemmungen menschliche Fehler häufig die Auslöser sind, so sind die Mechanismen, die zu Erdbeben, Stürmen, Zyklonen, Dürre führen, weitaus komplexer.

Mit den heute anstehenden Umweltproblemen könnten wir leicht einem Zivilisationspessimismus verfallen. Doch vielleicht sind wir Menschen einfach ans Ende einer Logik gelangt, die wir erproben mussten. Das Ausmass der Probleme zwingt uns zum Umdenken und eine andere Rolle im Ökosystem einzunehmen. Wir können dies auch als Evolution auffassen. Das Ändern vieler unserer Gewohnheiten scheint unumgänglich. Es ist ein Vorgang, der Anpassung und Heilen verlangt. Dieses Kapitel öffnet nur ein Fenster hin zu den Ursachen von Veränderungen, jedenfalls für mich. Zweifelsohne sind z.Z. weit mehr Veränderungen am Werk, die mir entgehen.

5.1. **Die exogenen Ursachen von Veränderungen**

C bestätigt, dass alle im Folgenden aufgezählten Veränderungen letztlich von der Trinitäts-Ebene initiiert wurden. Möglicherweise sollten wir diese Art Veränderungen vereinfachend als die ‚gottgegebenen' bezeichnen. Zu den ersten zwei Punkten kann ich nichts sagen. Darüber wurde und wird viel geschrieben. Punkt 3 wurde schon vor Jahren in den Veröffentlichungen der Flenzburger Hefte erwähnt und Punkt 4 wurde von verschiedenen Autoren besprochen u.a. von Marco Pogacnik.

„Wir Geistwesen berühren die Leben der Menschen heute auf eine neue Art, weil wir näher an Euch herankommen können denn je zuvor. Wir können heute Teil Eurer Leben werden, viel konkreter als je zuvor."

Ignatius 4.3.12 Montserrat, Eva Høffding [15]

5.1.1. **Klimaveränderungen**

Die menschliche Tätigkeit hat sicher einen Einfluss auf die Klimaveränderungen, doch dürfte diese nicht der einzige Grund sein. Das Thema ist wie so oft sehr komplex. Viele Experten arbeiten daran, dies besser zu verstehen.

5.1.2. Der **Tierkreis und die astrologischen Impulse**

Ohne hier im Detail auf die astrologischen Impulse einzugehen, ist es Allgemeinwissen, dass jedes Tierkreiszeichen eine andere Energie aus dem Universum bringt und die Planeten diese in wechselnder Konstellation zur Erde hinunterleiten. Dieses Wissen ist vor allem in der biodynamischen Landwirtschaft erforscht worden. Woher diese Energien kommen, und wer sie bestimmt, ist uns wenig bekannt. C sagt mir der Impuls komme von der Trinitätsebene und werde durch die Throne weitergeleitet. Was das genau heisst, weiss ich nicht.

5.1.3. Der **Rückzug der Engel**
In der Inspirationskette von den Engelwesen zu den Devas ist seit 1992 (laut C) ein Rückzug gewisser Engelwesen festzustellen. Diese sollen nach und nach durch den Menschen ersetzt werden. Das ist ein Evolutionsschritt. Eine mögliche Erklärung dazu ist, dass wir Menschen besser verstehen müssen, wie die Natur und ihre Naturgeistwesen funktionieren. Wir müssen direkt erfahren, was sie für Probleme haben, damit künftig unsere Eingriffe weniger destruktiv wirken. Die Tatsache, dass wir um Hilfe gebeten werden, lässt durchblicken, dass wir auch dazu fähig sind, und wir den Naturgeistwesen zur Seite stehen müssen. Hier ist offenbar Kooperation angesagt.

5.1.4. Die **Erscheinung der Elementarwesen der 5. Art**
Um 1993 ist eine neue Art Elementarwesen aufgetaucht, die man entweder ‚Christus Elementarwesen' oder Elementarwesen der 5. Art nennt (siehe Kapitel 3.3). Ihre Aufgabe besteht im Wesentlichen darin, die Kooperation zwischen Menschen und Naturgeistwesen zu fördern. Siehe auch das Interview im Anhang.

5.1.5. **Energiewelle** von Mai 2015 bis Februar 2017
Während einer Meditation im Juni 2015 erhielt ich folgende Botschaft: „Die Kraft der Liebe manifestiert sich. Der Pfad des Lichtes manifestiert sich." Die Worte erschienen wie auf einer stehenden Steinplatte eingemeisselt, die auf meiner linken Seite von oben herabkam. Die Botschaft stammte von den Thronen. Was diese Energiewelle alles bewirkt hat und worin

sie genau bestand, ist noch wenig erforscht. Ich bringe u.a.
Seite 183 und 184 einige Erklärungen dazu.

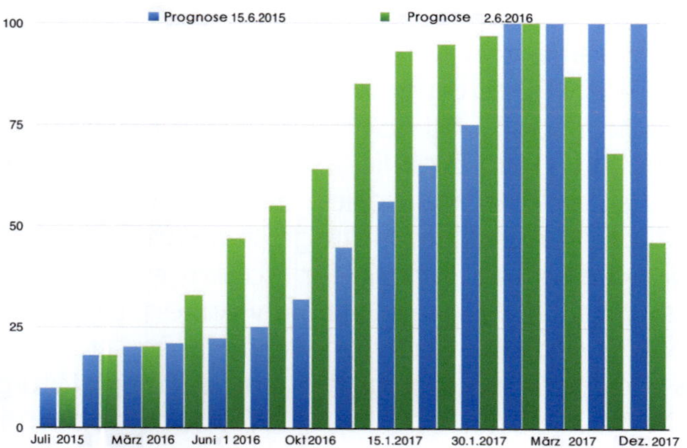

" Die Kraft der Liebe manifestiert sich. Der Pfad des Lichtes manifestiert sich. "
Diese einströmende Energie wird im mentalen Bereich erfahrbar als Klärung, Auflösung unnütz
gewordener Konzepte, im Astralen als Freude und spirituell als Erhebend und Freiraum gebend.

5.1.6. **Reorganisation der Landschaftsengel** Februar 2017

Bereits im August 2016 bin ich einem Landschaftsengel
begegnet, der sich an einem bisher ‚unbemannten' Ort
niedergelassen hatte. Er sagte mir, dass er nicht mit einem
Problem zu mir komme, mir aber etwas mitteilen wolle. Er sei
seit kurzem hier in diesem Feld, würde aber erst anfangs 2017
seinen Dienst aufnehmen. Im Februar 2017 besuchte ich ihn
wieder, und er bestätigt seinen Dienst aufgenommen zu
haben. Einige benachbarte Landschaftsengel schienen die
vorhergehenden Kollegen ersetzt zu haben, hatten aber den
Standort behalten. Eine Reorganisation hatte stattgefunden.
C kommentiert dazu nur kurz: Die vorhergehenden Engel-

wesen wurden woanders gebraucht. Nun sei eine neue Generation von Landschaftsengeln gekommen.

5.1.7. **Anfragen der Devas und Landschaftsengel**

Im Frühjahr 2016 begann ich Energielinien zu bemerken, die einzeln auf den Bergkristall zuliefen, den ich in der Mitte des Raumes auf den Boden gestellt hatte. Ich ging einer Linie nach. Sie führte mich nach draussen in unseren Wald. Etwa 25 m vom Kristall entfernt wartete geduldig ein Naturgeistwesen auf mich. Es war ein Wasser-Elementarwesen, eine Undine, die normalerweise etwa 150 m von unserem Haus bei ihrer Quelle weilt. Sie teilte mir mit, dass ich in meinem vorigen Buch einen Fehler habe. Ich hätte geschrieben, dass der Geist des Tales etwa 400 m weiter unten ‚bei der obersten Quelle' wohne, wo doch ihre Quelle im Feld nebenan die oberste sei. Das müsse ich korrigieren. Das war eine wichtige Lektion für mich. Ich verstand, dass ein noch so kleiner Fehler eine Ungerechtigkeit, eine Störung schafft, die der Harmonie willen früher oder später korrigiert werden muss.

Jeden Tag kamen fortan 1-2 neue Linien auf den Kristall zu. Im Ganzen waren es bis heute über hundert Anfragen von Parzellen-Devas und Landschaftsengeln. Diese liessen mich erkennen, was sie jeden Tag für Aufgaben zu lösen haben. Es ist das Natürlichste der Welt, dass sie zu ihren Coach mit der Bitte um Rat gelangen. Auf meiner Webseite sind zusätzliche Beispiele aufgeführt.

Etwas später meldete sich die Parzellen-Deva des Nachbar-Grundstückes und liess mich durch ihre Anfrage die 12 Energiegitter entdecken. Dies war der Anfang einer fast zweijährigen Periode während der fast täglich Devas und Landschaftsengel über den Kristall mit mir in Verbindung traten. Darüber berichte ich im Detail weiter unten. Darauf folgte eine Reihe anderer Wesen, die sich jedesmal mit einer ganz anderen Energiesignatur um den Kristall herum bemerkbar machten.

Ich lernte eine ganz Menge Details über die Arbeit von Landschaftsengeln und Parzellen-Devas. Die Fragen und Problemstellungen mit denen sie zu mir kamen, waren ganz unterschiedlicher Art und brachten einige Überraschungen. Obschon ich selber keine Ahnung hatte, wie ich ihnen behilflich sein konnte, war mir von Anfang an klar, dass ich ihre Bitten nicht ablehnen konnte. Ich ging davon aus, dass die Wesen der unsichtbaren Dimension wissen, was sie tun und dass ich irgend etwas beitragen kann, auch wenn ich es nicht ganz verstehe.

Die Serie ging erst richtig los, als wir mit einer kleinen Gruppe in der Schweiz meditieren wollten. Eine dieser Energielinien machte uns auf den Landschaftsengel nahe beim **Atomkraftwerk Mühleberg** bei Bern aufmerksam. Uns wurde mitgeteilt, dass dieses Atomkraftwerk eine Umweltverschmutzung verursacht hätte, die bis zu 300 m tief unter die Erdoberfläche reiche. Niemand war offenbar darauf aufmerksam geworden. Obwohl wir keine Ahnung hatten, was wir in diesem Fall konkret beitragen konnten, beschlossen wir diesem Landschaftsengel und seiner Umgebung Fernheilung zukommen zu lassen. Wir setzten uns in Verbindung mit unserem Erdelement (unserem Wurzelchakra, den Beinen und Füssen sowie dem Bereich bis 300 m tief in die Erde hinunter) und unserem Herzen. Schon während der Meditation bemerkte einer von uns, dass sich etwas verändert hatte. Nach Ende der Meditation konnten wir feststellen, dass die Energielinie zum

Kristall hin verschwunden war und der Landschaftsengel offenbar mit unserer Intervention zufrieden war.

Ich komme in Kapitel 6 auf das Phänomen der Fernheilung und der Gebete zurück. Soviel sei vorweggenommen: es gibt genügend Menschen und wissenschaftliche Untersuchungen, die die Wirkung von Gebeten und Fernheilungen belegen. Es ist nicht zuletzt die Quantenphysik, die uns zeigt, wie verwandte Zellen über tausende von Kilometern hinweg miteinander kommunizieren können.

Im obigen Fall des Atomkraftwerks ist unser Verständnis natürlich sehr beschränkt. Dennoch zweifle ich nicht daran, dass unsere Intervention etwas Nützliches bewirkt hat. Inwiefern dies über eine moralisch-geistige Unterstützung hinausgeht, ist für mich schwer zu sagen. Alles was ich mit Sicherheit weiss, ist dass ich herzlich wenig weiss, wenn es um die Interaktionen mit den unsichtbaren Dimensionen geht. Wir müssen akzeptieren, dass wir hier in Neuland vorstossen und viel zu lernen haben. Zum Lernprozess gehört offenbar, dass wir mit unserer gezielten Aufmerksamkeit viel mehr ausrichten können, als wir allgemein annehmen. Gleichzeitig können wir natürlich erkennen, dass eine Umweltverschmutzung unter-halb der Erdoberfläche, und dazu noch bis 300 m tief, sehr gut unentdeckt bleiben kann. Eine der möglichen positiven Effekte dieser Arbeit ist die Tatsache, dass ich darüber schreibe und andere in Gruppen daran teilnehmen lasse. Im Folgenden nun einige weitere Anfragen.

13.8.2016 - ein Landschaftsengel taucht in einer von Nord-Osten kommenden Linie am Kristall auf. Er sei 33 km entfernt und informiert mich über eine **Verschmutzung des Baches** ‚petite Loire' in einem Stück Wald, das etwas südlich von seinem Ankerplatz liegt. Die Ursache der Verschmutzung scheint eine illegale Ablage von Abfällen aller Art zu sein. Er bittet mich, ein Gebet an ihn und den Gemeinderat zu richten. Dies würde genügen, und tatsächlich, die Linie ist danach verschwunden, wie verblüffend diese Beobachtung auch bleibt.

Am 17. August 2016 führt mich eine Linie 17 km von hier Richtung Nordosten in die Nähe von Auriac du Perigord. Am Westrand des Dorfes, unweit des Baches ‚Laurence', meldet sich ein Landschaftsengel. Er sagt mir, dass etwa 300 m nördlich von seinem Standort eine Parzellen-Deva ein Problem mit ihrem Laubwald habe. Dort seien sie **von Insekten belästigt**, die den Bäumen arg zusetzten. Sie brauchen Hilfe. Ich mache mein gewohntes Gebet und ein Dreieck vom Sonnen Geflecht, den Beinen entlang, bis unterhalb der Füsse. Die Energielinie verschwindet.

18. August 2016 - Eine Linie führt 3 km nach Osten in die Nähe eines Rebgartens. Die dortige Deva meldet **Insektenbefall** und die Absicht des Eigentümers Chemie einzusetzen. Die Deva möchte dies verhindern und bitte um Hilfe. Ich denke hier erfolgt durch die Fernheilung ein Impuls- auf der Ideenebene, die möglicherweise der Landwirt registrieren und ihm andere Lösungen zeigen wird.

19. August 2016 - Alarm eines Landschaftsengels wegen **akuter Brandgefahr**. Bitte um Gebet und Dreieck Sonnen- geflecht – Füsse. Wie immer vergewissere ich mich am Schluss, dass die Linie verschwunden ist.

26. August 2016 - Eine Deva einer Waldparzelle meldet sich. Sie befindet sich etwa 3 km östlich von hier. Sie beklagt sich

über die **Überbevölkerung mit Dachsen,** die u.a. die Bäume beschädigten. Ich bitte die Gruppenseele der Dachse sich dessen anzunehmen und einigen jüngeren Dachsen klar zu machen, dass sie nun alt genug seien um ein anderes Revier zu suchen.

12. September 2016 - Ein Landschaftsengel und die Deva einer Waldparzelle bitten um Hilfe. Es seien **zu viele Hirsche** in ihrer Parzelle, welche die Bäume stark beschädigten.

16. September 2016 - eine Deva im Tal der kleinen Beune hat ein Problem mit einer Gruppe **Wildschweine,** die ihren Wald beschädigten. Sie bittet uns mit der Gruppenseele dieser Tiere zu reden.

Im März 2017 war meine Studiengruppe bei mir. Ich hatte einige Tage zuvor aufgehört auf die Anfragen der Devas und Landschaftsengeln einzugehen, damit eine Anzahl Linien sich um den Kristall ansammeln konnten. Es waren zur Zeit des Kurses sechs Linien. Ich hatte sie ein Stück weit mit einem farbigen Wollfaden am Boden markiert. Alle Teilnehmer konnten sie spüren, auch über die Fadenlänge hinaus. Wir verbrachten in der Gruppe etwas Zeit damit herauszufinden, wo die Geistwesen waren, und was sie zu uns brachte. Dann meditierten wir kurz und sprachen still jeder unsere Art Gebet. Danach waren alle sechs Linien verschwunden, wie alle Teilnehmer feststellen konnten.

Der Dagda erklärt mir Anfang 2018 warum in letzter Zeit weniger häufig Energielinien von Devas und Landschafts-engeln am Kristall auftauchen; dies also zwei Jahre mit etwa hundert Anfragen nach Beginn der Arbeit mit Devas und Landschaftsengeln. Ihre Anliegen würden weiterhin bearbeitet. Unsere Fernheilungen hätten ein permanentes Heilungsfeld mit einem 50 km Radius um den Kristall geschaffen.

Unsere Fernheilungsarbeit lässt sich mit derjenigen des Angestellten einer alten Telefonschaltstelle vergleichen. Wir stellen Verbindungen her zwischen Anfrager und Spezialisten. Die Erklärung des Dagdas lässt mich vermuten, dass die ‚alte manuelle Telefonschaltstelle' offenbar hier von einer ‚halbautomatischen' ersetzt wurde.

5.1.8. **Anfragen der sehr grossen Elementarwesen**

Im September 2017 tauchte während eines Kurses eine neue Energiesignatur am Kristall auf. Das war ein Segment von ca. 30°. Alle Kursteilnehmer beteiligten sich an der Fragenstellung um herauszufinden, welches Wesen hier Kontakt suchte und mit welcher Anfrage. Der Kontakt schien von Pegasuswesen (S. 136) in die Wege geleitet worden zu sein. Uns wurde mitgeteilt, dass unsere Fernheilung mit Hilfe eines Energiedreieckes angegangen werden müsse. Eine Ecke des Dreiecks müsse auf dem Chakra liegen, das dem Element des Elementarwesen entspreche (siehe S. 142), die zwei anderen Ecken würden auf einer Ebene, die uns jeweils mitgeteilt würde, auf dem vertikalen Strahl liegen.

Es stellte sich heraus, dass diese 30° Signatur uns mit sehr grossen Elementarwesen verband. Diese hätten wegen Energieumstrukturierungen momentan den Kontakt zu ihren übergeordneten Engeln, den ‚Gewalten/Exusiai' verloren. Die Frequenz dieser Elementarwesen sei herabgesetzt worden, damit ein einfacherer Kontakt zu den Menschen ermöglicht würde. Dies würde Menschen erlauben, die Arbeit der sehr grossen Elementarwesen besser verstehen zu können. Wir würden fortan einen permanenten Kontakt zu ihnen haben und als Vermittler funktionieren. Wir seien nun die Person hinter dem Telefon-Schaltpult und die einmal erstellte Kommunikationsverbindung zwischen Elementarwesen und ‚Gewalten/ Exusiai' würde dank unseres Mitwirkens wieder hergestellt. Quarzkristalle seien laut C speziell geeignet für diese Schaltpultfunktion.

Der energetische Kontakt zwischen uns und den sehr grossen Elementarwesen werde hergestellt von den Kyriotetes (Ebene 13), selbst wenn es Pegasuswesen gewesen waren, die die Verbindung in die Wege geleitet hätten. Es ist natürlich nicht leicht zu verstehen, wie im Detail die Arbeit der einen und anderen tatsächlich vor sich geht. Wir bekommen lediglich einen Einblick in die Komplexität der Vorgänge.

In diesem Fall, also September 2017, kamen wir in Kontakt mit einem sehr grossen Feuerelementarwesen, das im Zentrum von Frankreich in Orleans seine Ankerstelle hat. Es war bekümmert über den derzeitigen sehr emotional geladenen Rummel um die Einführung der intelligenten Stromzähler „Linky" der nationalen Elektrizitätsgesellschaft EDF. Ohne notwendigerweise eine eigene Meinung dazu zu haben (das ist nicht seine Aufgabe), störten diese starken Emotionen die Energieverteilung im Elektrizitätsnetz, denn die Informationen der Linky werden in demselben Elektrizitätskabel auf einer anderen Frequenz übermittelt. Als Feuerelementarwesen ist es zuständig für die Produktion, Verteilung und den Konsum von Energie (Gas, Treibstoff, Elektrizität, Holz, Kohle, etc.). In der Gruppe machten wir eine Energiemeditation, die das Solar Plexus Chakra mit einschloss sowie zwei weitere Punkte. Die hier und im Weiteren verwendeten Punktepaare wurden mir immer genau gezeigt. In einem ersten Umgang fand ich heraus, ob sich das Punktepaar oberhalb des Kopfes, unterhalb der Füsse oder am Körper befand. Durch mein langjähriges Studium der Energiefelder bin ich gewohnt mit den 21 sekundären Chakras zu arbeiten, aber auch mit weiteren Punkten am Körper [4]. Das Entdecken der äusseren Auraschichten brachte zusätzlich die Kreuzungspunkte mit dem zentralen Strom, die ich in Kapitel 2.1. (S. 29) in der Grafik dargestellt habe. [6] Mir wurde gezeigt, dass ich sehr wohl einen der Punkte ausserhalb des Körpers, auf dem zentralen Strom gebrauchen konnte, indem ich sie verdoppelte, sozusagen in ihre Polaritätsaspekte: weiblich und männlich, links und rechts des zentralen Stromes. Dies ergab, dass ich mich eingehender mit diesen Punkten und Energieschichten der äusseren Aura befasste und ihre Unterschiede herauszufinden begann. Sehr oft war das entweder der Punkt unter den Füssen, der ‚Punkt der Schwarzen Madonna' oder der ‚Christus Bewusstseins Punkt'. Oberhalb des Kopfes war es häufig der ‚Punkt der gottnahen Seele' sowie der ‚höhere Essenzpunkt' (sh. S. 29). Weiter auf diese Energiearbeit hier einzugehen, würde den Rahmen dieses Buches sprengen.

Ich hatte bereits im August 2016 Kontakt zu einem Feuer-Elementarwesen. Es hatte mich auf die Folgen eines Blitzeinschlages in einem Haus in der Weingegend von Monbazillac aufmerksam gemacht. Jener Blitz war von einem metallhaltigen Felsen in der Erde angezogen worden und hatte ein Ungleichgewicht in der Umgebung bewirkt. Dieses hatte sich auch auf die Gesundheit der Bewohner ausgewirkt. Hier benützte ich wiederum ein Dreieck vom Solar Plexus zu einem Punkt weit unter den Füssen. Diese Energie-Meditation mit dem Dreieck und das übliche Gebet bewirkten, dass die Linie am Kristall verschwand.

Anfangs 2018 kamen eine Reihe Anfragen von sehr grossen Elementarwesen. Diesmal gaben sie meistens keine Gründe an, wünschten aber die übliche Dreiecksmeditation, jedes Mal mit dem ihnen zugehörigen Chakra und einem anderen Punktepaar.

Eines Tages ging ich auf die Suche nach dem Wasserele-mentarwesen, das die enorme Aufgabe hat das radioaktive Abwasser des verunglückten **Fukushima Atomkraftwerkes** zu begleiten. Die Abwasser sollten offenbar in den Pazifischen Ozean geleitet werden. Dieser ist bereits durch den Unfall sehr verseucht. C zeigte mir den Standort des Wasserelementar-wesens in der Lagune südlich des Kraftwerkes (siehe Pfeil auf dem Photo). Ich schliesse seither dieses Elementarwesen in meine Fernheilungen mit ein.

5.1.9. **Anfragen der Regionalengel Europas**
Mitte Februar 2018 begann eine lange Reihe Anfragen von Regionalengeln aus ganz Europa. Wir deckten nach und nach systematisch ganze Länder ab und schliesslich ganz Europa. In der Periode von 16.2.- 23.2 waren es ganze 76 Regional-engel zu denen ich eine Verbindung erhielt. An gewissen Tagen waren es bis zu 8 Anfragen. Die Verbindung wurde von den ‚Gewalten' (Ebene 14) bewerkstelligt. Zweck dieser

Fernheilungen war es, die Verbindung zwischen den Engeln der Ebene 14 und den Regionalengeln wieder herzustellen.

Grund für diese momentane Unterbrechung war, dass auch die Regionalengel den Auftrag erhalten hatten ihre Frequenz herabzusetzen um damit mehr erd- und menschennah zu werden. Die Energiewelle von 2015-2017 hatte bewirkt, dass die Frequenz einer ganzen Reihe hoher Engelwesen gestiegen war und eine Übermittlungslücke zu denjenigen Wesen entstanden war, die ihre Frequenz senken mussten. Zweck dieser Fernheilung

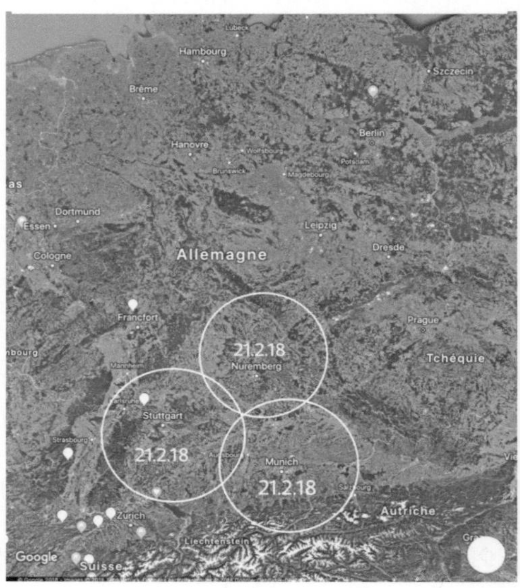

Regionalengel Süddeutschlands

war es offenbar, dass die Regionalengel lernten ihren Frequenzbereich mehr auszudehnen, also die tieferen Frequenzbereiche beizubehalten und gleichzeitig ihren Frequenzbereich nach oben hin wieder auszudehnen. Spezialisierte Geistwesen sollten ihnen dabei helfen. Die Fernheilung half offenbar den Kontakt zu ihnen herzustellen.

Generell lauteten die Bitten, wir sollten mental ein Dreieck herstellen, meist vom Herzchakra zu einem Punktepaar auf dem Körper, in unserem körpernahen Energiefeld oder auf dem vertikalen Strahl nach oben oder unten. Jedesmal war die Instruktion ganz genau, welche Punkte es sein sollten.

5.1.10. **Anfragen der Nationenengel**

Im Februar 2018 wurde abermals eine neue Energiesignatur am Kristall sichtbar. Diesmal umfasste sie ein Segment von 120°. Es stellte sich bald heraus, dass es Engel von Nationen waren, mit denen ich nun in Kontakt kam. Die Verbindung mit ihnen wurde von Dominationes hergestellt (Sphäre 16). Der Grund ihrer Anfragen war immer derselbe. Auch bei ihnen hatte die Energiewelle von 2016/17 eine Verschiebung ihres Frequenzbereichs verursacht. Sie hätten ihren Frequenzbereich gesenkt, damit sie näher an unsere menschliche Wahrnehmung gelangen konnten. Die ganze Hierarchie unter ihnen hatte parallel dazu dieselbe Frequenzsenkung durchgemacht. Dadurch war wieder die Verbindung zum Kontinentalengel, also dem darüberliegenden Glied in der Inspirationskette, geschwächt worden. Die Fernheilung schien ihnen zu helfen, ihren Frequenzbereich nach oben auszudehnen, ohne dabei den Kontakt nach unten zu verlieren. Durch unsere Fernheilung erhalten sie ebenfalls die Anleitung wie vorzugehen, um ihren Frequenzbereich nach oben wieder auszudehnen. Ich schildere die betreffende **Energiemeditation** weiter unten.

5.1.11. **Anfragen der ethnischen Nationenengel**

Ende März 2018 erschien wieder eine neue Energiesignatur um den Kristall herum. Diesmal zeigte sich ein 90° Segment. In etlichen politischen Nationen wurden ethnische Minderheiten vernachlässigt, ihres geographischen Lebensraumes beraubt. Nach einigen Fragen wurde klar, dass es sich bei den heutigen Anfragen um ethnische Nationen handelte. Zuerst waren es die Apachen Indianer, dann die Cree in Kanada, dann die vereinigten Indianerstämme im Amazonas-Gebiet.

5.1.12. **Anfragen der Kontinenten-Engel**

Nach den ethnischen Engeln kam wiederum eine neue Signatur. Sie begann mit einer einzigen Linie, die sich aber sogleich ausweitete, bis sie innerhalb ca. 20 Sekunden zu einem vollen Kreis wurde. Das war verblüffend zu beobachten. Niemals hatte ich Energie derart in Bewegung beobachten können. Ich dachte, wie kreativ hier jemand am Werk sei, um immer völlig neue Energiesignaturen am Kristall einzurichten. Diesmal waren es Engel von Kontinenten, zu denen ein Kontakt entstand. Amerika, Antarktis, Afrika.... Die gewünschten Meditationen blieben wie bisher einfach: ein Punkt über dem Kopf auf dem vertikalen Strahl, einer unterhalb der Füsse, denen ich ein Gebet folgen liess.

5.1.13. **vom lokalen zum globalen Heilen**

Dann schien sich diese Phase endlos zu wiederholen, indem die Linie zu Beginn immer in dieselbe Richtung zeigte, nämlich nach Süd-Südwesten hin. Was am Anfang wohl der Engel des afrikanischen Kontinentes gewesen war, wurde zu etwas anderem. Ich identifizierte das Wesen, das mir etwas mitzuteilen versuchte, als einen Seraphim. Um herauszufinden wer das war, ging ich die Liste S. 215f durch. Nach gut acht oder zehnmal wurde mir klar: er zeigte mir, dass es nun um eine globalere Sicht, **eine globalere Heilung** ginge.

Mir ging auf, dass die angezeigte Richtung genau auf unser kleines Tal zeigte. Die Botschaft schien zu sein, dass ich nun in meinen Fernheilungs-Meditationen von einem lokalen Heilen ausgehen sollte und dieses sich unter meiner Mitwirkung ‚automatisch' ausweiten würde in all die Ebenen, Themen und geographischen Gegenden, die Kontakt brauchten und mit denen ich in letzter Zeit gearbeitet hatten. Tatsächlich hatte ich mich gefragt, ob das Ganze nicht etwas kompliziert geworden war und wie das wohl weitergehen konnte. (siehe auch 6.7.3. S. 211)

5.1.14. **Die Einführung der neuen Energiegitter**

Das Gitter Nr. 6 wurde vor 4200 Jahren, also zu Beginn des Bronzezeitalters, von den sehr grossen Erd-Elementarwesen aktiviert. Der Impuls kam von der Erd-Mutter. Der Dom von Münster z.B. ist nach diesem Gitter orientiert. Vor dem Dom stand dort eine frühchristliche Kirche und vor ihr eine Folge von Kultbauten, die alle nach demselben Nr. 6 Gitter orientiert waren. Die erste Kultstätte an diesem Ort wurde vor 4200 Jahren

erbaut und wies, laut C, damals schon dieselbe Orientierung auf.

Es waren offenbar die alten Ägypter, die als erste dieses damals neue Gitter entdeckten und entschieden, dass es

188

fortan zur Plazierung und Orientierung von Kultbauten
herangezogen werden müsse. C weist mich auf den Standort
einer orthodoxen Kirche in der Nähe von Theben am Nil hin.
Ich finde dort gleichzeitig ein sehr grosses Erd-Elementarwesen
mit einem Energiekreis von 60 km Radius. Sodann stelle ich ein
Nr. 6 Gitterkreuz fest, das auf diese orthodoxe Kirche zentriert
ist. Ich finde allerdings bis jetzt nirgends anderswo in Ägypten
diese Nr. 6 Signatur.

C bestätigt mir wieder, dass die Energiegitter von der Erdgöttin
unter Mitwirkung der sehr grossen Erdelementarwesen
veranlasst worden waren. Wohingegen die Thronenkreise von
den hohen Thronen Engelwesen eingerichtet worden waren.

Die Geschichte gemäss C: Die Unterweisung der 3 Initiationen
(später 3 druidische Kreise genannt) begann in Ägypten vor
ca. 5200 Jahren. Diese Unterweisungen waren einfach, nahe-
liegend, auf Erlebnis basierend und sind es immer noch. Vor
4200 Jahren wurde das Gitter Nr. 6 den Menschen gezeigt,
zuerst den Priesterinnen des Isis Kultes in Ägypten. Am Ort der
obigen orthodoxen Kirche wurde damals eine Isis-Kultstätte
gebaut, in der das Wissen der 3 Initiationen und des Gitters Nr.
6 bekannt war. Vor ca. 3900 Jahren fand dieses Wissen seinen
Weg nach Eleusis bei Athen. Es wurde dort allerdings erst von
659-397 v.Chr. unterrichtet. Der Isis-Kult erhielt über die Jahre in
Eleusis verschiedene Namen wie Erd-Göttin oder Dea Mater,
was dann später zu Demeter wurde. Das Schwarze blieb
jedoch immer das Attribut dieser weiblichen Göttin. Vor etwa
3200 Jahren begann (also 1200 v.Chr. - vor Christus)) auch der
Name ‚Schwarze Jungfrau' gebraucht zu werden.

Etwa zur selben Zeit fand der Kult der ‚Schwarzen Jungfrau'
seinen Weg nach Alesia in Frankreich. Aufgrund des intensiven

kommerziellen und kulturellen Austausches mit dem keltischen Frankreich ist dies nicht weiter erstaunlich. Um das Jahr 900 v.Chr. schien es in Alesia eine Erscheinung der Erdmutter als Schwarze Jungfrau gegeben zu haben. Fortan war der Kult der Schwarzen Jungfrau dort fest verankert und kam etwa 500 v.Chr. in die Schweiz und in die Dordogne zusammen mit der Unterweisung der drei ‚Druiden Kreise'.

Von C erhalte ich auch die Perioden in denen die drei Kreise unterrichtet wurden. In der Schweiz und in der Dordogne wurde der 22 Jahres-Zyklus eingehalten (3x7 Jahre + ein Vorbereitungsjahr):

Eleusis	659-397 v.Chr.
Alesia	544-478 v.Chr.

In der Schweiz:

Wahlern bei Schwarzenburg	532-510 v.Chr.
Goldswil bei Interlaken	507-485 v.Chr.
Lenzburg	483-461 v.Chr.
Thun	475-453 v.Chr.
Thierachern	457-453 v.Chr. abgebrochen
Negrentino, Tessin	444-422 v.Chr.

In der Dordogne:

Cazenac bei Beynac	467-445 v.Chr.
Berboules oberhalb Sergeac	447-425 v.Chr.

5.1.15. **Energiegitter Nr. 10 im September 1940**

Ich muss immer wieder an jenen Kernsatz unseres Lehrers Bob Moore denken: „Energie lehrt uns." Die Entdeckung des Energiegitters Nr. 10 hat mich wieder einmal in Staunen versetzt. Wohl hatte ich es an beinahe allen heiligen Orten beobachten können, die ich auf Google Maps orten konnte.

190

Doch die Überraschung kam, als ich fragte, seit wann dieses Gitter in Funktion sei. Die Antwort war: „Seit September 1940".

Dieses mentale Gitter wurde laut C erst im September 1940 den wichtigsten Orten übergestülpt und zwar gemeinsam von den Thronen-Engeln und der Schwarzen Madonna. Das war ein äusserst kritischer Zeitpunkt in der Weltgeschichte, als das faschistische Gedankengut drohte ganz Europa und die wichtigsten Mächte der Welt zu übernehmen. Obwohl in jenem Sommer die Besetzung Kontinentaleuropas durch faschistische Truppen abgeschlossen war, begannen sich in jenem Sommer vielerorts die Widerstandsbewegungen zu organisieren. September 1940 war diesbezüglich ein klarer Wendepunkt.

Foto : Kölner Dom. Dieser ist gemäss dem Gitter 7 plaziert aber nicht orientiert. Er ist mit einem Gitter Nr. 10 versehen worden. Die Einführung dieses mentalen Gitters zu jenem äusserst wichtigen Zeitpunkt ist für mich ein eindrückliches Zeichen der Gegenwart der göttlichen Dimension.

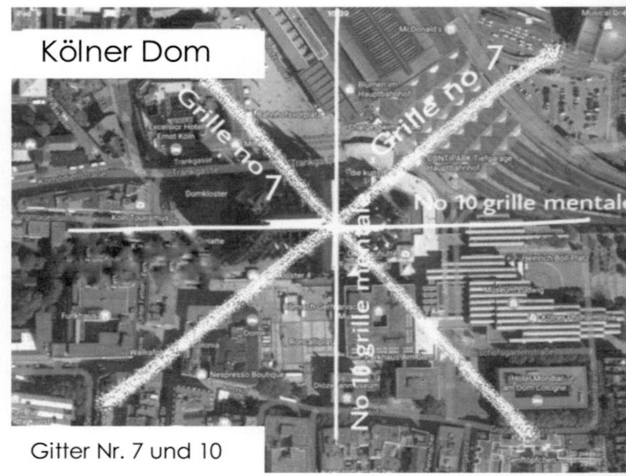

Gitter Nr. 7 und 10

In Kapitel 4.12. hatte ich dies am Beispiel von Czestochowa/-Auschwitz verdeutlichen können. In der Terminologie Rudolf Steiners drohte das ahrimanische Gedanken-gut überhand zu nehmen. Es handelt sich dabei um eine extrem materialistisch orientierte Glaubensstruktur, die der individuellen Kreativität keinen Raum lässt. In seiner extremen Anwendung würden wir alle zu Robotern, die einer einzigen Autorität unterstehen würden. Zu jenem Zeitpunkt im September 1940 musste diesem Gedankengut eine kraftvolle Alternative geboten werden.

5.1.16. **Das Auftauchen der Dagdas um 2004**
Die Dagdas wurden von der Schwarzen Madonna um 2004 ins Leben gerufen. Sie können ganz Entscheidendes zur Zusammenarbeit mit Menschen beitragen. Ich habe im Kapitel 3.3 eingehend darüber berichtet.

5.2. **Die endogenen Ursachen von Veränderungen**
Unter endogenen Ursachen wollen wir hier die weitgehend von Menschen ausgelösten Veränderungen verstehen.

5.2.1. **Krankheiten**
In meinem Buch ‚Faith is the Bridge'/'Un Pont vers le Ciel' habe ich, unter Mitwirkung von C, einiges über die Hintergründe von heutigen Krankheiten geschrieben, wie Krebs, Ebola, etc. Einige dieser Hintergründe hängen mit dem Missbrauch der fünf Elemente zusammen. Bei Krebs z.B. scheint u.a. ein Zusammenhang zu bestehen mit der Art und Weise wie wir das Element Wasser auf der Erde misshandeln. Bei Ebola wiesen sie auf die exzessive Abforstung der Urwälder hin, welche die Fledermäuse als Krankheitsträger zwang sich in überbauten Zonen anzusiedeln. [6]

5.2.2. **Kriege, Konflikte, Geschichte**
Die Nachwirkungen von Kriegshandlungen können manchmal noch Jahrhunderte nach dem Geschehen an einem Ort zu

192

spüren sein. Unter 4.4.12 habe ich dies am Beispiel des KZ
Auschwitz erläutert. Die lokale Geschichte(n) spielen da auch
mit: Verletzungen sichtbarer oder unsichtbarer Mitglieder der
lokalen Gemeinschaft können lange nach dem Geschehen
noch nach Heilung rufen. Siehe auch weiter unten 5.2.4.

5.2.3. **Invasive Arten**   (Pflanzen, Schädlinge)

Durch Welthandel und Tourismus werden in unseren Breiten
Schädlinge und ortsfremde Pflanzen eingeführt. Der Buchs-
baumzünsler (Glyphodes perspectalis) ist ein Beispiel dafür.
Diese Raupe befällt die Buchsbäume in Europa seit etwa 2005.
Ich bin kein Gärtner und auch kein Spezialist der Schädlings-
bekämpfung. Doch da der Garten einer Freundin hier in der
Nähe sehr davon betroffen ist, habe ich mich an die
Gruppen-Deva der Buchsbäume in ihrem Garten gewandt.

Sie teilte mir mit, dass das Problem in der äusseren Wärme-
ätherschicht (auch Reflektoräther genannt) lokalisiert sei,
welche die Pflanze umgibt. Diese Ätherschicht ist eine
Schnittstelle zu Ein-flüssen aus dem
Kosmos; im Fall der Buchsbaumkrankheit seien es eine Art
unfreundlicher ET's. Der Grund ihrer Aktion ist mir nicht
bekannt. Die Deva erklärt mir jedoch, dass ein begrenzter
Schutz bewirkt werden könne, wenn wir die Dynameis (Sphäre
15) darum bitten würden. Ich unternehme dies und begleite
meine Bitte mit einem Gebet. Ich stelle fest, dass die betref-

fende Schicht des Wärmeäthers wie mit Silberflitter zu glitzern beginnt. Dies hält mehrere Minuten an. Als dies abklingt frage ich nach, ob nun der Schutz erfolgreich sei: „Ja, aber nur zu 83%. Der Schutz sei nicht vollständig, weil diese Krankheit eine neue Erscheinung sei, die auch sie (die Deva und ihre Berater) z.Z. noch studierten." Sicherheitshalber frage ich auch, ob eine bei dieser Krankheit übliche chemische Behandlung diesen Energieschutz schädigen würde. „Nein. Doch sollte diesem Energieschutz eine Chance gegeben werden und durch Beobachtung der Buchsbäume feststellen zu können, wie sich der Schutz manifestiere."

Das Vorgehen mag extravagant klingen, ist es aber nicht. Die Voraussetzungen, damit eine Kooperation mit Naturgeist-wesen und Wesen der göttlichen Dimension zustande kommt, sind immer die gleichen: eine klare, nicht-egobasierte Motivation, keine Vorurteile gegenüber Wesen ‚von oben', keine Vorurteile (z.B. Minderwertigkeitsgefühle) gegenüber uns selbst. Einige Kenntnisse der Energiefelder wie wir sie in Kapitel 1.4. aufgeführt haben sind ebenfalls nützlich. Ich füge immer ein Gebet hinzu. Um die entsprechenden Wesen zu identifizieren, kann ein Pendel, eine Hartmann-Antenne, das ‚Fingerspitzengefühl' und dergleichen auf die Listen im Anhang angewendet werden. So habe ich z.B. die obigen Wesen in der Sphäre oder Ebene 15 ermittelt.

5.2.4. gefallene Engel in Kirchen und an anderen Kraftorten
In verschiedenen Kirchen der Umgebung und ebenfalls an einem Natur-Kraftort bei Felsen sind mir gefallene Engel aufgefallen. Die allermeisten Leute bemerken diese nicht bewusst. Einige empfindliche Menschen allerdings verlassen den Ort sehr schnell wieder, weil sie sich unwohl fühlen. In Kirchen plazieren sich diese Eindringlinge gleich vor dem Altar.

Ein Ort, der normalerweise Christus und seinen Vertretern vorbehalten ist. Diese gefallenen Engel sind offenbar an diesem Ort, weil dort ein Verbrechen begangen wurde. In den betreffenden Kirchen geschah dies, nach meinen energetischen Ermittlungen, weil die Kirchenorganisation in irgendeiner Weise wissentlich daran beteiligt war. Das Geschehen kann allerdings, wie in einem Fall, 800 Jahre zurückliegen, in der Zeit kurz vor dem Katharerfeldzug.

Dort konnten wir ein Heilungsritual erfolgreich durchführen, weil kein schuldiger Mensch mehr am Leben war und niemand sich daran erinnern konnte. In den zwei anderen Kirchen ist ein Heilungsritual, mit Bitte um Vergebung z.Z. nicht möglich, weil die Kirchgemeinde oder die politische Gemeinde sich in irgendeiner Form daran beteiligen müssten. Ich vermute, dass diese Bedingung besteht, weil geschriebene oder anderweitig überlieferte Spuren vom Geschehen heute noch zugänglich sind. Drittpersonen können deshalb in diesen zwei Fällen den Gemeinden die Verantwortung nicht abnehmen.

Am erwähnten Natur-Kraftort ist mir der gefallene Engel an der Feuerstelle aufgefallen, die sehr wahrscheinlich der zentrale Treffpunkt im Ort ist. Die Stelle hat auch einen weissen Engel, der keine 10 m weg in den Büschen wartet. Ich vermute, dass er an diesen Kraftort beordert wurde, weil der Ort in vergangenen Zeiten für religiöse Handlungen Benutzt wurde.

Dies ist unglücklich, weil Besucher, die im Vertrauen die Inspiration und Hilfe dieser Orte aufsuchen, in ihrem Glauben von diesen Wesen geschwächt werden können. Das ist die Absicht von gefallenen Engeln, so wie ich diese einschätze.

5.2.5. **Naturkatastrophen**

Wir mögen wohl denken, dass Naturkatastrophen exogen, also ‚gottgewollte' Ursachen haben. Dann wären wir nicht weit davon entfernt, einen externen Schuldigen gefunden zu haben. Die Wahrheit dürfte etwas komplexer sein und uns Menschen oft als Urheber oder ‚Mitschuldigen' identifizieren. In gewissen Fällen ist dies klarer einzusehen, wenn durch Zubetonieren oder durch Abforstung Bodenerosionen verursacht wurden und die Böden grosse Regenfälle nicht mehr aufnehmen können. Überschwemmungen können z.T. daher rühren. Allzuoft wurden bei Flussmanipulationen auch die natürlichen Überlaufbecken eliminiert.

Andere haben über die Folgen von kollektivem emotionalem Denken und Handeln auf die Naturelemente geschrieben. Es würde zu weit führen, auf dies hier näher einzugehen. [13]

5.2.6. **Abnehmende Bodenqualität**

Wir haben das Wasser studiert, die Luft, den Mond, doch wissen wir kaum etwas über die Mikrobiologie der Böden. Dies führte dazu, dass wir in der Landwirtschaft Methoden gebraucht haben, die zu einer spektakulären Verschlechterung der Bodenqualität geführt haben: Erosion, Zerstörung der Fauna und Flora der Böden, von denen wir schlichtweg die Existenz und das Funktionieren nicht kennen. Die Arbeit von Lydia und Claude Bourguignon auf youtube z.B. sind dazu eine Fundgrube. [18]

Fotograf unbekannt

Kapitel 6

Fernheilungen - Gebet - Heilungsrituale

Zweifelsohne können wir in unserem Haushalt, in unserer nahen Umgebung, in der Wahl unserer Einkäufe auf unser Ökosystem Einfluss nehmen. „Für Frieden zählt jeder unserer Schritte". In diesem Kapitel möchte ich die Energiearbeit zum Thema Erd-Heilen zusammenfassen. Sie ist meistens sehr einfach zu bewerkstelligen.

6.1. Fernheilung

Seit Jahren gehört Fernheilung zu meinen täglichen Tätigkeiten. Einerseits bin ich Mitglied einer Heilergruppe, die jeden morgen von 8-8.15 Uhr Fernheilung an die Teilnehmer einer Liste sendet. Diese Liste wird von einem spirituellen Heilungszentrum geführt. Andererseits füge ich zur selben Zeit meine eigene Liste von Namen hinzu. Bei beiden Listen müssen die Empfänger darum bitten ihren Namen auf der Liste zu haben.

Fernheilung ist unterscheidet sich von Gebet. Der Empfänger muss sich darum bemühen und offen sein, die von der Heilergruppe vermittelte Energie auch zu empfangen. Die Respektierung des freien Willens ist unabdingbar. Dazu gibt es jedoch Ausnahmen. Es können z.B. Länder, Konfliktherde, Tiere, Naturgeistwesen etc. eingeschlossen werden, bei denen das Einholen einer Bereitschaft nicht möglich ist. Es können auch Menschen dazugenommen werden, die z.Z. nicht in der Lage sind eine derartige Bitte zu formulieren: kleine Kinder, Menschen in einem bewusstlosen Zustand, vor kurzem

Verstorbene, etc. von denen wir aber mit bestem Willen annehmen können, dass sie gegen eine Fernheilung nichts einwenden würden.

Fernheilung ist dem Gebet jedoch in der Funktionsweise vergleichbar. Wissenschaftliche Untersuchungen haben bewiesen, dass Effekte von Gebet auf beliebig lange Distanzen gemessen werden können.

Für die Beteiligten beruht. das Ganze auf Glauben und Vertrauen. Einige fühlen die dabei generierte Energie, andere, wie ich, haben damit eher Mühe. Das lässt mich nicht am Fernheilen zweifeln, denn ich weiss, seitdem ich mich mit Energie und Fernheilung beschäftige, dass ich eine individuelle Art habe Energie zu spüren. Tatsächlich ist die Art wie wir Energie spüren von Mensch zu Mensch verschieden, ohne dass die eine Art besser wäre als die andere.

Gemäss meiner Möglichkeiten habe ich in Zusammenarbeit mit C am 15.4.2018 die Energie des Healing Pools dieser Fernheilergruppe in Boviseinheiten gemessen. Die Bovisskala ist in meinem Verständnis nicht eine in unserem Sinne objektive Messskala. Die Resultate sind von einem messenden Mensch zum andern verschieden. Doch gibt diese Messmethode für den einzelnen Messenden eine gute Vergleichsmöglichkeit zwischen mehreren Messobjekten und hier zwischen verschiedenen Zeitpunkten.

Da die Messungen in Boviseinheiten relativ zum Messenden definiert sind, muss ich die Grafik kurz erklären. Die Boviseinheiten (englisch : Bovisunits BU) sind hier in 1000 BU

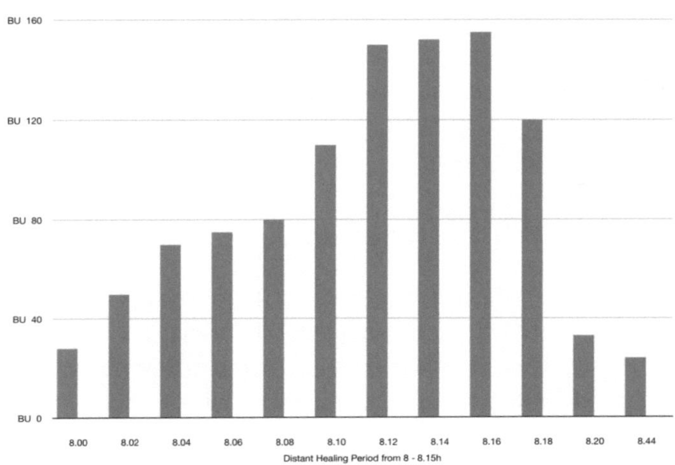

Messung der Energie des Fernheilungspools in
Boviseinheiten, am 15.4.2018

angegeben. In meiner persönlichen Erfahrung sind Messungen
über 100 BU bedeutend. Ich habe die Messungen sodann
parallel mit meiner Hartmann-Antenne geprüft als messbare
Distanz zwischen meiner linken Hand und der Hartmann-
Antenne in meiner rechten. Diese Distanz ist bei über 120 BU
bis zu einem Meter. Wiederum in meiner persönlichen Erfahrung, d.h. im Vergleich mit anderen Orten und Situationen, ist
dies ein hohes Energieniveau. Dieses Energieniveau kann ich
von Zeit zu Zeit während einer Meditation spüren, als eine Art
‚inneren elektrischen' Zustand, in dem ich ‚hellwach', und
mich fast ‚überdreht' fühle, um es in Worten auszudrücken.

Ich erkläre all dies, weil Fernheilung ein ausgezeichnetes Mittel
ist in Sachen Erdheilen, zumindest für einzelne Aspekte. Ich
komme unter 6.8. bei der Arbeit mit dem Kristall darauf zurück.

6.2. **Eine biodynamische Methode**

Ohne auf die Definition von biologischen und biodynamischen Landbearbeitungsmethoden näher einzugehen, möchte ich die Arbeit von Freunden in der Dordogne vorstellen. Sie praktizieren eine eigene Version der biodynamischen Landwirtschaft, ohne Chemie und mit dem Respekt der Geistwesen und Rhythmen der Natur (Mond, Sonne, Tierkreis).

Das Unternehmen Altaïr [c] baut seit 29 Jahren in Liorac sur Louyre, Nähe Bergerac, mit Erfolg Heilpflanzen und aromatische Kräuter an. Die Besitzer haben seit Jahren bewusst mit den Naturgeistwesen zusammen gearbeitet und eine

Wasserveredelung zur Bewässerung vorgenommen, die sie 'informiertes Wasser' nennen.

Diese Arbeit mit dem Wasser hat ein mittelgrosses Wasserelementarwesen angezogen (siehe Tropfensymbol auf der Luftaufnahme), das vorher ca. 1 km weg am Ufer des Louyre Baches weilte. Vor ihm war schon ein Erdelementarwesen auf dem Platz erschienen (Symbol des Quadrates). Dazu haben sich zwei weitere Elementarwesen gesellt, ein Luftwesen (Symbol der 5 Blütenblätter) und ein Feuerwesen (Symbol der Rose im Wald oberhalb der Lichtung), in dieser Reihenfolge.

Auf dem Foto der bearbeiteten Waldlichtung sieht man sechs Naturgeistwesen der 5. Art (weisse Kolonnen) und ganz hinten, in Grau, die Parzellendeva. Diese Anhäufung der Naturgeistwesen der 5. Art ist ausserordentlich, denn diese Wesen sind ziemlich selten. Zum Vergleich haben wir auf unserem Land ein Naturgeistwesen der 5. Art, was ebenfalls eine Ausnahme ist. Seine Gegenwart erklärt sich vermutlich durch unsere Arbeit mit dem Kristall und den Elementarwesen, den Devas und Landschaftsengeln. Die Anwesenheit dieser Naturgeistwesen der 5. Art lässt vermuten, dass sie der Meinung sind, diese Orte seien sehr nützlich um die vier Arten Naturgeistwesen in der Zusammenarbeit mit den Menschen zu unterstützen.

Auf den folgenden Fotos sehen wir den auffälligen Unterschied zwischen zwei Anpflanzungen ein- und derselben Art, die eine ‚informiert'/ 'verbunden', die andere nicht.   Foto: Patrice Drai

Im **Erbsen**-Beet rechts sind die informierten/verbundenen Pflanzen, im Beet links die nichtverbundenen/nicht-informierten Pflanzen und beide sind unter genau denselben Umständen gewachsen. Wir sehen hier natürlich nur den visuellen Teil. Daneben gibt es auch die geschmacklichen, die geruchsmässigen Aspekte wie auch die Vitalität der Pflanze.

Hier unten dann den Vergleich der zwei **Sonnenhüte-Beete** (*Echinacea*), links die informierte, rechts die nicht informierte.

Foto: Patrice Drai

Die Arbeit der ‚Information' und ‚Einbindung' der Pflanzen
Nach der Arbeitsweise von Isabelle und Patrice Drai von Eyssal besteht diese Arbeit darin – im Wesentlichen in der Samen-Phase – sich die fertige Form der Pflanze in der Imagination vorzustellen (Wurzeln, Stengel, Blätter und Blumen). Das heisst: sich den Archetyp der Pflanze mental vorzustellen. In einem zweiten Schritt wird die göttliche Dimension, unter Mitwirkung der Intelligenz der Deva, gebeten der Pflanze ihre Licht- und Liebeenergie zu geben. Diese zweite Phase schliesst in ihrer Absicht eine Form von Gebet mit ein. Im Laufe dieses zweiten Prozesses beginnt die Pflanze in der gelebten Imagination lichtvoll und lebendig zu werden. Diese Phase ist im

Wesentlichen eine Herzensangelegenheit. Foto: Wilde Malve,
rechts informiert, links nicht.

Foto: Patrice Drai

6.3. **Glauben, Liebe und Kooperation**

Die Kooperation mit allen Wesen innerhalb einer Landschaft ist
nicht sehr kompliziert, wenn wir uns der Beteiligten einmal
bewusst sind, ob wir sie nun sehen oder nicht. Das Wissen um
ihre Gegenwart und ihre Arbeit erleichtert es sie in unsere
Überlegungen und Handlungen einzubeziehen. Viele
Gartenliebhaber haben eine herzliche Beziehung zu ihren
Blumen und Gartenbeeten …und sprechen gelegentlich zu
ihnen. Dabei ist es unwesentlich, dass sie etwas Konkretes über
Naturgeistwesen wissen. Ganz natürlich ist hier Liebe im Spiel.
Ich habe einige Beispiele im Zusammenhang einer Koope-
ration mit Dorf- oder Quartiergeist aufgeführt (S. 54 f). In
Abwandlung des Sprichwortes soll hier gelten: ‚Was du gern
willst, das man dir tue, das füge einem andern zu.'
Die unsichtbaren Wesen merken sofort, wenn wir mit Umsicht
an sie denken und eine Kooperation suchen. Sie sind darüber

glücklich und bereit uns zu helfen. Vielleicht nehmen wir ihre Anregungen nicht immer direkt wahr. Doch sie unternehmen alles, um uns ihre Impulse zukommen zu lassen. Das kann in Form eines Gefühls, einer Intuition, eines Gedankens auftauchen, die wir selten auf ihren Ursprung hin hinterfragen. Hilfreich ist es unsere Herzen zu öffnen, ja unsere Herzen ‚sprechen' zu lassen, indem wir Gedanken-Gefühle der Dankbarkeit, des Staunens, des Lobes grosszügig an ihre Werke richten: die Blumen, Bäume, Gemüse, Täler, Wasserläufe, Tiere, etc.

Hinten im Tal von Valojoulx bei Montignac befindet sich ein Naturreservat mit einer Reihe von Teichen. Der Engel des

Turançon-Tales hat sich dort niedergelassen sowie unweit von ihm auch die Engel dieses Naturreservats. Letzterer ist erfreut, dass 78% seiner Energie in die Landschaft einfliesst und Pflanzen, Tieren und Besuchern zugute kommt. Dies ist ein gutes Beispiel, wie in speziellen Gebieten, wie **Nationalparks, Reservate** die spirituelle Inspirationsenergie sozusagen ‚aufblühen' kann. Hier hat sogar ein Elfenbusch seinen Standort gewählt (Photo). Als sie letztes Jahr mit Baggern Umgebungsarbeiten machten, war das den Elfen zuviel. Sie suchten sich vorübergehend einen anderen Standort. Das ‚magische Wäldchen' des Magiers ist auch hier zu finden.

6.4. **Der Europaengel und die Fluktuationen**

Ich möchte kurz auf den Europaengel zurückkommen und wie wir mit ihm zusammenarbeiten können. Ich habe in 3.4.4. eingehend die Fluktuationen beschrieben, die den Grad der Anwendung seiner Energie über eine Zeit lang verfolgt. Unsere eigenen Handlungen, Worte und Denkweise bezüglich Europa haben einen nicht zu unterschätzenden Einfluss. Wir können z.B. in Gesprächen mit Bekannten, über Facebook oder andere Massenmedien, aber auch bei öffentlichen Diskussionen in Versammlungen oder auf Webseiten z.B. der Europäischen Kommission, bei Wahlen für das Europaparlament etc. direkt unsere Meinung kundtun und positive Beiträge leisten. Nach den unter 3.4.4. beschriebenen Ereignissen und Krisen sind Bürgergruppen überall in Europa entstanden, die in diesem Sinne wirken. Falls wir das Feld den Euroskeptikern und generell kritisierenden Mitmenschen überlassen, ist dies ebenfalls ein politischer Akt unsererseits.

6.5. **Die Dorf- Quartier- und Stadtengel**

Das eben Gesagte gilt in abgewandelter Form auch für unsere direkte Umgebung.

6.6. **Stimm- und Klangmeditationen**

Seit langen Jahren interessieren mich als Musiker die subtilen Wirkungen von Klängen und Musik. Ich habe dies unterrichtet und Bücher darüber geschrieben. Ich habe keine Zweifel, dass authentische Musik, die unsere Gefühle in Übereinstimmung bringt mit der musikalischen Äusserung u.a. auch ungeahnte Einflüsse im nahen und weiten Umfeld haben.

Ich beginne damit das Experiment der drei Kristalle zu erklären. Ich hatte bereits berichtet, wie drei Steine in eine Linie gestellt und mit Absicht versehen, eine Energielinie produzieren, wie auch die Linien zwischen Bankfilialen, Kirchen

und dergleichen mehr. Nun habe ich das Experiment wiederholt mit drei Kristallen. Nach kaum einer Minute hat sich eine Energielinie zwischen ihnen eingestellt. Ich messe auf der Linie 28 BU (Bovis Units/Bovis Einheiten). Dann streiche ich mit meinen Fingern entlang der Linie während knapp einer Minute und visualisiere und fühle Licht-Liebe-Wahrheit-Energie in die Linien einfliessen. Ich messe nun 90 BU. In einer dritten Phase singe ich intuitiv Töne für die Linie, auch wieder knapp eine Minute lang. Ich messe 150 BU, immer auf der Linie. Eine Stunde später messe ich immer noch 120 BU. Einen Tag später sind es 80 BU. Dies gibt uns eine Idee, wie sehr wir mit unserem kombinierten Denken und Fühlen Wirkungen hinterlassen.

In einem Buch habe ich den Ursprung unserer Inspirationen und Intuitionen gemeinsam mit C erforscht. [9] Das hat mich veranlasst ein Musikstück auf seine verschiedenen Inspirationsphasen hin zu analysieren. Ich habe das Stück ‚Vergangenheit' von Schönberg gewählt, das auf meiner Webseite zu sehen und zu hören ist.

https://vallonperret.wixsite.com/vallonperret/how-to-create-divine-art

In diesem Beispiel sind drei Inspirationsebenen aktiv: Nr. 12 Archaï Engel, Nr. 13 Kyriotetes Engel, Nr. 17 Cupidos (Engel der Kunst, der Liebe und des Schönen). Das sind natürlich die Angaben von C. Ich hätte grosse Mühe etwas Intelligentes dazu zu sagen. Doch dann fragte ich C inwiefern dieses Musikstück, falls richtig interpretiert, auch auf diese drei Ebenen zurückwirkt? Und siehe da, C bestätigt, was ich auch schon von Ignatius über Kanalisationen von Eva Høffding gehört hatte. Wenn wir uns der göttlichen Dimension öffnen, geschieht eine Zirkulation zwischen diesen Wesen und uns, und das heisst in beiden Richtungen.

Dasselbe Verständnis wenden wir in unsere Heilungsgruppe an, wenn wir unter der Inspiration von Naturgeistwesen aller Art singen oder instrumental improvisieren. Allzuoft hegen wir ein falsches Minderwertigkeitsgefühl. Das ist in einer echten, herzlichen Zusammenarbeit mit Wesen der göttlichen Dimension oder Naturgeistwesen falsch am Platz; ebenso wie natürlich auch Überheblichkeit.

Von Herzen improvisierter, empfundener Gesang (Toning, Chanting, authentische Improvisationen) oder Instrumentalmusik dürften kaum abschätzbare Grenzen ihres Einsatzes für den Vitalisierung- und Heilungsprozess haben. Es ist relativ einfach dem Gesang eine Absicht beizulegen, z.B. eine Begrüssung, eine Danksagung, ein Willkommenheissen, ein Wunsch den Gesang von Licht-Liebe-Energie begleiten zu lassen.

6.7. **Erd-Heilen mit dem Bergkristall**

Diese Begegnungen verblüffen mich immer wieder. Denn sie sind durch energetische Phänomene von allen anwesenden Personen beobachtbar. Die Energiestrukturen am Kristall sind eine wahrnehmbare Brücke zum Unsichtbaren und darum so wertvoll. Diese Art Kristalle sind ausgezeichnete Werkzeuge für Erdheilen, denn sie schaffen Kommunikationslinien, stellen Bezüge her. Der Dagda hilft uns dabei. Hier eine kleine Übersicht über die verschiedenen Energiephänomene.

6.7.1. **Energiesignaturen am Kristall**

2 cm dicke Linie	= Parzellen-Devas, Landschafts-Engel (Photo)
30° Kreissegment	= sehr grosse Elementarwesen
120° Kreissegment	= Nationen-Engel
90° Kreissegment	= Engel von ethnischen Nationen
Linie > Kreis	= Kontinenten-Engel > totalen Umgebung
180° Linie	= die globale Verbindung betreffend z.B. sehr grosser Elementarwesen

Jedesmal wird mir mitgeteilt, mit Hilfe meiner Ja/Nein Fragen und der Hartmann-Antenne, was von mir erwartet wird. Obwohl ich versuche zu verstehen, was genau denn meine Rolle bei diesem Heilungsritual sei, bleibt das Ganze unfassbar. Mittlerweile bin ich zur Feststellung gelangt, dass diese Wesen bestimmt wissen was sie tun. Die Tatsache, dass sie mit einer präzisen Bitte zu mir kommen, will wohl heissen, dass das Wenige, was wir beitragen können, ihnen offenbar nützlich ist.

Fotograf unbekannt

Wir kommen hier in die Nähe des Gebets und der Fernheilung, die wir in ihrer Funktionsweise nur annähernd verstehen können. Ich kann mich mit einer **altmodischen Telefonzentrale** vergleichen, bei der ich als ‚Telefonangestellter' mittels Stöpsel und Kabel Anrufer und Spezialisten in Verbindung bringe. Der Rest, und sicher das Wesentliche, spielt sich dann zwischen den zwei ab.

6.7.2. **Energie-Meditation**

Das hier anhand des Kristalls Beschriebene mag ein einmaliges Vorgehen sein, das sich anderenorts vielleicht nur bedingt wiederholen lässt. Einige Kursteilnehmer haben jedoch erfolgreich in derselben Weise zuhause arbeiten können.

Energie-Meditationen nenne ich die aus der Arbeit mit dem Kristall hervorgegangenen Interventionen, die präzise Energiepunkte in unseren Energiefeldern miteinbeziehen. Bei der Arbeit mit den sehr grossen Elementarwesen und den

Regionalengeln waren es Dreiecke, bei den Nationenengeln waren es zwei Punkte, einer normalerweise über dem Kopf, der andere unterhalb der Füsse. Das Vorgehen mit den Dreiecken setzt Erfahrung in der Arbeit mit den fünf Elementen voraus (Erde, Wasser, Feuer, Luft, Raum), d.h. diese müssen zu einem guten Teil in uns selbst transformiert worden sein. Die Transformation basiert auf einem guten Kontakt einerseits zu dem entsprechenden Chakra und der dazugehörenden Körperzone, andererseits aber auch zu allen anderen Chakras. Denn die Transformation bezieht sich auf alle sieben Chakras.

Neben der Erfahrung mit der Transformationsarbeit ist auch ein vertiefter Kontakt zu den Punkten aufzubauen. Diese Art Kontakt setzt wiederum voraus, sich auf einen gefühlsmässigen Kontakt einlassen zu können und das innere Radio in den Hintergrund treten zu lassen.

Die eigentliche Energie-Meditation, in dem hier beschriebenen Fernheilungs-Prozess, ist an sich einfach. Dauer etwa 5 Minuten

1. eine einleitende Formel, wie die etwas weiter unten beim Gebet beschriebene
2. Konstruktion des Dreiecks und aufnehmen eines empfundenen Kontakts mit den Punkten
3. das Gebet

Ich fühle, dass das Wesentliche während der Gebetsphase erfolgt. Deshalb, weil es die Beziehung zwischen ‚Oben' und den Bittstellern ermöglicht. Ich übergebe dabei die Führung ganz der göttlichen Dimension. Das fühlt sich richtig an, denn ich habe keine andere Mittel und Kenntnisse in den Prozess einzugreifen. Offenbar funktioniere ich während der Energie-Meditation als Übermittler, Zwischenglied und Diener der durch sein physisches Dasein eine Erdung und Übersetzung der Energien ermöglicht.

6.7.3. **Globales Heilen**

Die Arbeit mit dem Kristall kam, wie erwähnt (S. 184) anfangs April 2018 in eine weitere Phase, die den Weg zu einem globalen Heilen zeigte. Ein Seraphim zeigte, dass **die Fernheilung mit dem Kristall**

1. von jedem Menschen vorgenommen werden könne
2. von der unmittelbaren Umgebung und seiner Wesen ausgehen sollte
3. in einer sich ausweitenden Bewegung alle gewünschten Wesen, Gegenden und Themen umfassen könne

Dies brachte eine Erleichterung. Denn bis anhin hatte ich bei jeder Fernheilung eine lange Liste von Wesen, Konfliktherden und Themen innerlich rezitiert. Das war umständlich und wurde jetzt auf einmal enorm vereinfacht.

Ich bleibe beeindruckt mit welcher Intelligenz hier Wesen am Werk sind, und klar unterschiedliche Energiephänomene um den Kristall herum manifestieren.

Dann kam eine 180° Linie, die durch den Kristall hindurch verlief. Sie war rechtwinklig zu unserem Tal, also in Bezug zu dem, was ich als lokalen Ansatz interpretiere. Einige Minuten zuvor hatte ich in der Fernheilungsmeditation das Wort ‚Venedig' erhalten und sah die Flamme einer Kerze. Ein grosses Feuerelementarwesen (FEW), mit Sitz in Venedig, suchte Kontakt. Mit Hilfe der Hartmann-Antenne kam die Information: keine besonderen Punkte in der Aura kontaktieren, dafür aber das FEW und dann ausweiten zu allen FEW auf der Erde. Die 180° Linie weist auf diese globale Ausweitung zu spezifischen Wesen hin, hier FEW.

Die letzte Energiesignatur die ich feststellen konnte am Kristall ist ein Kreuz, das in die vier Richtungen weist. C dazu: ‚Dieses Kreuze bedeutet die Gegenwart des Heiligen Geistes'.

6.8. Map-Art Umgebungskarte

In Anlehnung an die Arbeit des Map-Art der Zunis (S. 15) kann die Erstellung von gezeichneten Karten unserer Umgebung ein wunderbares Hilfsmittel sein, um die unsichtbaren Wesen und Energiestrukturen der Landschaft in unserem Bewusstsein und Herzen zu verankern. Dabei soll die logische Dimension der Kartographie (Distanzen, etc.) der intuitiven Dimension genügend Platz einräumen mit gezeichneten Symbolen, Geschichten, Intuitionen. Dies erinnert an die Songlines der Ureinwohner Australiens. Alle Urvölker und Menschen, die einen intimen Bezug zu ihrem Wohnraum haben, kommen in diese Art gelebte und geliebte Beziehung.

6.9. Gebet mit Energiearbeit

Im Laufe der Arbeit mit dem Kristall zeigten mir die Geistwesen verschiedene Arten der Energiearbeit, in denen ich mein Wissen nutzbringend anwenden konnte. Ich muss annehmen, dass die Erfahrung mit der Transformationsarbeit der Chakras und deren 5 Elemente dazu gehört. Ferner kommt dazu die Erfahrung mit den Punkten auf dem vertikalen Strahl oberhalb des Kopfes und unterhalb der Füsse. Wer zu diesem Thema keine Erfahrung gemacht hat und nicht gefühls- und erlebens- mässig vorzugehen versteht, wird womöglich mit dem bisher Beschriebenen wenig anfangen können.

Nützlich und einfach ist ein Gebet zu benutzen. Jeder kann eines wählen, das ihm nahesteht. Ich brauche das Vaterunser, doch habe ich die Linie mit ‚unsere Schuld' verändert. Ich bin überzeugt, dass wir uns selbst vergeben müssen und dieses Verzeihen nicht von einem Gott oder Grossen Geist übernommen wird.

> Vater unser, der du bist in Allem,
> Geheiligt sei dein Name,
> Dein Reich komme, dein Wille geschehe
> Wie im Himmel so auf Erden.
> Gib uns heute unser täglich Brot
> Und hilf uns unsere Schuld zu vergeben
> Wie auch wir vergeben unseren Schuldigern.
> Führe uns nicht in Versuchung
> Sondern erlöse uns vom Bösen.

Bei Fernheilung, Energiemeditation und Gebet brauche ich als Einleitung folgendes:

> Aus der Tiefe meines Herzens und mit Hilfe der Wesen der göttlichen Dimension bitte ich, dass die folgenden Wesen die Heilenergie bekommen, die sie benötigen.

In seiner einfachsten Form besteht **Fernheilung für die Erde** aus folgenden Phasen:
- in die innere Ruhe sinken, den Kristall im Herz fühlen
- einleitende obige Formel oder eine selbstgewählte hinzufügen
- aussprechen oder innerliches Bezugnehmen zu einer Liste Namen, Gegenden, Themen, die wir in die Fernheilung einbeziehen möchten; das kann auch in der erwähnte globale Form erfolgen (6.7.3.)
- 10-15 Minuten Meditation, um an dem so angesprochenen Heilstrom mitzuwirken

Vorbedingungen

Zur Mitwirkung am Erd-Heilen braucht es keinen Kristall und auch keine Wahrnehmung von Energielinien und Naturgeist-wesen. Jeder wird automatisch auf seine Art beitragen. Für eine mehr detaillierte Arbeit, kann ein Bergkristall hilfreich sein, indem dieser eine bewussten Zugang zu Energielinien und deren Wesen erleichtert. Die beschriebenen Details in 5.1.7. ff geben lediglich eine Einsicht in die Vorgänge.

In dieser Art Fernheilung wird mit der Zeit jeder für sich oder in Zusammenarbeit mit andern ein eigenes mentales Energiefeld aufbauen. Dies ergibt sich ganz natürlich aufgrund der eigenen Transformationsarbeit.

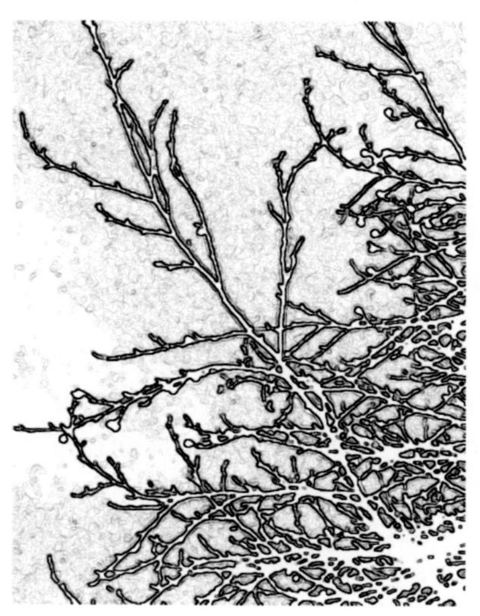

Anhang

1. **Die 21 Ebenen des göttlichen Feldes**

Die spirituelle Ebene, die wir z.T. mit dem göttlichen Feld gleichsetzen können, erscheint uns in der folgenden Liste als äusserst komplex und strukturiert. Das darf uns nicht weiter überraschen, ist sie uns doch in diesen Details weitgehend unbekannt. Auch ein Einstieg in die Mikrobiologie oder die Atomphysik würde uns einiges Umdenken abverlangen. Es benötigt Jahre, um uns darin einigermassen zurechtzufinden. Offenbar findet C, dass die Zeit dafür reif sei, uns eingehender mit dieser Dimension zu beschäftigen um zu einem differenzierteren Verständnis zu kommen. Wie sehr wir uns auch bemühen die göttliche Dimension zu verstehen, wird uns dies nur ansatzweise gelingen. Das Mysterium ganz.

Da ich als Musiker fast ausschliesslich mit Improvisation arbeite und dies gelegentlich unterrichte, wollte ich wissen, woher die Impulse oder Inspirationen kommen. Eines Tages fragte ich C wieviele Ebenen es in der spirituellen Dimension gäbe, die uns Impulse, Intuitionen, Inspirationen etc. zukommen lassen. Sie antworteten sofort mit „21 Ebenen". Mit der Hilfe von C begab ich mich auf die Suche nach diesen 21 Ebenen oder Sphären. Das ist eine komplexe Aufgabe, wie wir gleich sehen werden.

Als Einstieg diente mir die seit dem frühen Mittelalter bekannte Liste des Dionysius Areopagita. Er war ein um das erste Jahrhundert n. Chr. von Paulus in Athen bekehrter Grieche, der später der erste Bischof von Athen wurde. Er schlug eine Liste von 9 Stufen der Engel vor. Er nannte sie 9 Hierarchien, was darauf schliessen lässt, dass jede in sich wiederum hierarchisch gegliedert ist. C fand diese alte Liste

unvollständig. Bereits Dionysius selber hatte auf ihre Unvollkom-
menheit hingewiesen und meinte nur Gott wüsste hier genau
Bescheid. Für mich, wie sicher für alle Künstler, war interessant,
dass C die Cupidos einführte (siehe Stufe 17). Als Stufe 21
haben wir sodann die Trinitätsebene hinzugefügt. Damit
waren wir bei 11 Stufen. C hat auch darauf bestanden, dass
Kyriotetes/'Herrschaften' und Dominationes nicht dasselbe
seien und getrennte Aufgabenbereiche hatten. Im Laufe
meiner Erforschung der Welt der Naturgeistwesen und grossen
Elementarwesen (siehe etwa Kapitel 4 ‚Die Engelhierarchie in
der Natur') fügten wir am ‚unteren' Ende zehn weitere Stufen
dazu.

Die Wesen der Stufen 17-20 verstehe ich als die ‚regierenden,
richtungweisenden' Engel; diejenigen der Stufen 12-16 die
‚ausführenden oder verwaltenden' Engel, die Engel der Stufen
1-11 als die ‚Vermittler' zwischen den Engeln der Stufen 12-20,
den Menschen und den Naturgeistwesen. Um das Konzept
der Ebenen nicht als Wertung zu interpretieren, nenne ich sie
auch Sphären, im Sinne von Inspirationsmillieu.

1   Landschafts- oder Umgebungsengel, Qualitätsaura des
    Menschen, Dagdas & Devas, Zeitgeist
2   Engel von kleineren Seen, Flüssen und Wüsten (z.B.
    Namibische Wüste); individuelles oder Gruppenkarma; die
    drei temporären Seelenschichten
3   Weisheit und Erfahrung der Naturgeistwesen; Kali (Auflösen
    und Erneuerung); Engel der Strato Cirrus Wolken; Regionale
    Landschaftsengel; Engelwesen der grösseren Wüsten
    (Gobi & Sahara), die sehr grossen Elementarwesen (Erde,
    Wasser, Feuer, Luft), Vulkanwesen
4   Inspiration von schamanischen Lichtwesen;
    Engel kleinerer Regenwälder (z.B. Indonesien)

5   Engel der grossen Regenwälder (Amazonas, afrikanischer Äquator); Weisheit der Tiere; Sophia (Weisheit); Teile des kollektiven Unterbewusstseins; Vitalenergie

6   Nationenengel - Kunstwerke, die vom ihm inspiriert sind und dazu beitragen, den Geist einer bestimmten Nation weiter zu entwickeln

7   Engel von Kontinenten: Europa, Mittlerer Osten, Nord Amerika, Afrika, etc.

8   Engel der Ozeane: Atlantik, Pazifik, etc., Engel kleinerer Bergketten wie Pyrenäen, Appalachen Essenzschicht der menschlichen Seele (u.a. Innovation); Respekt von Leben und Schöpfung; Engel der Wissenschaften, des Wissens und der Bildung

9   Engel von grossen Bergketten: Ural, Himalaya, Alpen; göttliche Seelenschicht des Menschen, irisch-keltische Göttin St. Bridget (Frühling und Poesie)

10 Engel des Planeten Erde

11 Kirchenengel (Schutz der Altare, Statuen, Kreuze, Objekte), sowie die Erzengel: Raphael (Heilung), Uriel (Lehren), Michael (Lichtbringer), Hesediel (Botschafter des göttlichen Willens), Gabriel (Erzengel der Kreativität und Überbringer guter Nachrichten), Jehudiel (Dienst am anderen), Sandalphon (Klang und Gebete), Raguel (Gerechtigkeit), Raziel (Weisheit), Binael (persönliche Transformation), Ramiel (Hoffnung & Aspiration), Saraquiel (Glaube und spirituelle Kraft)

12 Archai Engel = ‚Fürstentümer', sie leiten die irdischen Regenten, Führer, Völker, Gemeinschaften und repräsentieren Denken, geistige Energie und Bewusstsein.

13 Kyrioteies = ‚Herrschaften' regeln die Pflichten der unter ihnen stehenden Engelklassen; ihre Energie ist reine Gnade; Vermittler der Lehre Christi, der Vitalität und

Lebensfreude, Geister der Weisheit; Ignacio de Loyola, Franz von Assisi, Theresa von Avila, St. Hildegard, u.a.m.

14 Exusiai = ‚Gewalten'. Geister der Form, Schöpfer der Formen. Sie schützen die himmlischen Sphären vor allen negativen Einflüssen der irdischen Sphäre. Halten die Welt im Gleichgewicht (speziell zwischen Lichtwesen und den dunklen Mächten). Elohim

15 Dynameis = ‚Mächte', sind verantwortlich für die Zyklen der Sterne und Planeten im Universum.

16 Dominationes = sie leiten den Erdengel sowie die Engel der Kontinente und Nationen

17 Cupidos - Hohe Engel der Kunst, Liebe und Schönheit

18 Throne - Hohe Engel der Lebensenergie und des kosmischen Willens; geben Impulse für die Menschheit

19 Cherubim - Übertragung von Erkenntnis, Wissen, Harmonie und Weisheit Gottes

20 Seraphim – ‚die Entflammenden'; Engel des Lichtes, der Liebe und des Feuers

21 Schwarze Madonna/Jungfrau Maria, Christus, Schöpfer, Heiliggeist, Buddha, Grossen Geist, Allah

Diese Stufen können nur durch den Reflektoräther wahrgenommen werden. Unsere Wahrnehmungsfähigkeit – des Reflektoräthers z.B. - erweitert und verfeinert sich parallel zu unserer Persönlichkeitsentwicklung. Die höheren Gefühle kommen durch die Vermittlung des mittleren Reflektoräthers zu uns – sie betreffen Worte und Gedanken; durch den höheren Reflektoräther gelangen Gefühle zu uns, die nicht durch Worte und Gedanken vermittelt werden können.
Die spirituelle Ebene ist eine hohe Quelle der Inspiration. Gleichzeitig wirkt z.B. ein Musikstück auch auf diese spirituelle Ebene zurück. C wollte die Cupidos in der Liste haben, denn diese beziehen sich speziell auf Kunst – und entsprechen

offensichtlich einer Realität. In der römischen Mythologie ist Cupido der Sohn der Venus und kann mit seinen Liebespfeilen Menschen bezaubern. Dieses Bild zeigt nur einen beschränkten, populären Aspekt der Cupido-Aufgaben. Wir verwenden Cupido hier in einem viel weiteren Sinne auf der Ebene einer hohen Engelgattung, die sich besonders um Schönheit, Liebe und Kunst bemüht.

Die Beispiele in jeder Stufe sind nicht vollständig und werden im Laufe der Zeit verfeinert werden müssen. Der Aufbau der Stufen umfasst eine Anzahl parallel verlaufender Phänomenkategorien:

1. die **Hierarchie der Engel**, die von Engeln mit kleineren bis hin zu denen mit grösseren Aufgabenbereichen inklusive der neun bzw. nun elf bekannteren Engelkategorien reichen.
2. die **Energiefelder des Menschen**, von den inneren, körpernahen bis zu den äusseren Feldern.
3. Nicht zu den Engeln zählende **Geistwesen**
Im Laufe meiner Erkundung tauchten Wesen auf, die nicht zu den ersten zwei Kategorien der spirituellen Ebene und deren 21 Stufen gehören. Dies liess mich, immer in Zusammenarbeit mit C, die dritte Kategorie einführen: Devas, Dagdas (sh. S. 72, bzw. 82), grosse Elementarwesen, schamanische Lichtwesen (schamanische Wesen, die dem Licht-Liebe Prinzip verpflichtet sind und unseren freien Willen respektieren); St. Bridget (die irisch-keltische Göttin des Frühlings); Kali (im Hinduismus eine bedeutende Göttin und Archetyp des Todes und der Zerstörung, aber auch der Erneuerung). Kali sehe ich als einen der vier Unter-Archetypen des Weiblichen).

Der **Zeitgeist** ist ein Geistwesen aber kein Engel. Er ist normalerweise mit dem ganzen Planeten Erde verbunden, kann aber auch spezifischer mit einer Stadt, einer Gegend, einer kulturellen Einheit verbunden sein. Der Zeitgeist ist ein Konglomerat von Egregoren (menschliche Gedankenformen und Emotionen) und einer Vielfalt von Einflüssen von Engeln wie dem Engel der Evolution, den Engeln von Wissenschaften, Kunst, Erfindungen und anderer göttlichen Impulse. Die Inspiration, die vom Zeitgeist ausgeht, ist demnach nicht immer eine rein göttliche Inspiration und kann auch der Mode unterworfen sein.

In meinem Buch ‚Creating Divine Art – On the Origins of Inspiration' erläutere ich zwei weitere Inspirationsquellen: die mentalen Ebenen und die astralen Ebenen der Inspiration. Denn offensichtlich ist nicht jedes Kunstwerk von der spirituellen Ebene inspiriert. Ich beschreibe ebenfalls die andere wichtige Komponente: inwiefern Egostrukturen der Künstler den Umsetzungsgrad der Inspirationen reduzieren. [9]

2. Interview mit einem Naturgeistwesen
(Übersetzung von BLOG No 16 meiner Webseite)

Zweck dieses Interviews ist es uns vor Augen zu führen, dass unsichtbare Wesen auch intelligente Wesen sein können mit denen wir kommunizieren können, als würden sie mit uns am Telefon sprechen. Die Tatsache, dass die meisten unter uns diese Wesen nicht sehen, darf uns nicht an ihrer Intelligenz und Existenz zweifeln lassen.

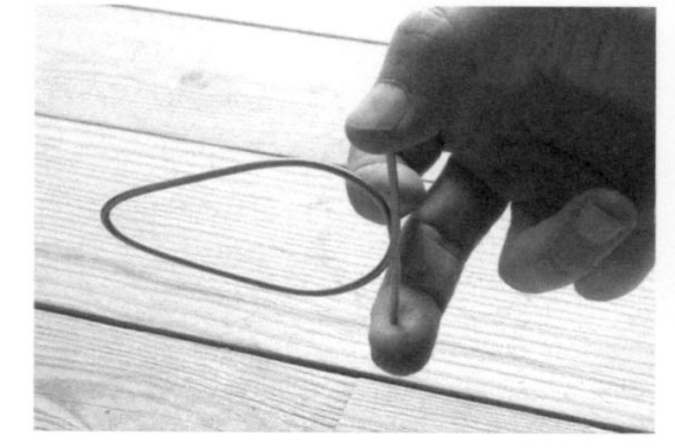

Ihre Antworten kommen zu mir mit Hilfe der Hartmann-Antenne (siehe Photo). Andere, medial veranlagte Menschen, erhalten ganze Worte oder Sätze. Dies ist mir z.Z. nicht möglich. Das Vorgehen mit der Hartmann-Antenne erfordert präzise Fragen, die schrittweise einkreisen, worum es geht. Diese Methode mag etwas umständlich erscheinen. Doch wollte ich hier ausnahmsweise einen Einblick geben, wie ich im Detail vorgehe. Schwenkt die Antenne nach links, ist das gemäss meiner Abmachung mit den Lichtwesen, ein ‚Ja'.

Schwenk sie nicht, so ist das ein ‚Nein'. Manchmal schwenkt sie ein bisschen, so weiss ich, dass entweder die Frage nicht präzis war, oder dass ein klares Ja/Nein nicht möglich ist. Dann muss ich weiter fragen.

Das folgende Interview begann, als ich eines Tages hinter unserem Hause eine Energiesäule wahrnahm. Ich wollte wissen was oder wer dies war.

Welche Art Wesen bist Du?
Bist Du ein Geistwesen? – ja
Bist Du ein Lichtwesen? – ja   (im Gegensatz zu nicht respektvollen Wesen)
Bist Du ein Wesen aus der Hierarchie der Engel? – nein
Bist Du ein Naturgeistwesen? – ja
Bist Du ein Naturgeistwesen, das mit einem der fünf Elemente verbunden ist? – ja
Bis Du ein Wesen des Erdelementes – nein
...des Wasserelementes – nein
...des Feuerelementes – nein
...des Luftelementes – nein
Bist Du somit ein Wesen der 5ten Art? – ja (siehe Erklärung weiter unten)

Bist Du ein kleines Wesen dieser Art? - nein
…ein grosses Wesen dieser Art? – nein
…ein sehr grosses Wesen dieser Art? – nein (davon gibt es nur drei in Frankreich)
…ein mittleres Wesen dieser 5ten Art? – ja
Gibt es überhaupt kleine Elementarwesen dieser 5ten Art, die mit den Gnomen, Undinen, Salamandern oder Sylphen vergleichbar sind? – nein
Du bist demnach ein mittleres Elementarwesen der 5ten Art – ja
Deine Hauptaufgabe besteht darin die Zusammenarbeit zwischen Menschen und Naturgeistern zu ermutigen – ja
Ist Dein Standort an einen festen Ort gebunden? – nein
Du bist demnach nicht an eine Pflanze, einen Baum, etc. gebunden? – nein
Du kannst Dich frei bewegen und selber entscheiden wo du sein willst – ja
Ist Dein geographisches Tätigkeitsgebiet eingegrenzt – ja
Ist diese Gebiet etwa ein Quadratkilometer gross – ja
Man findet jedoch nicht alle Quadratkilometer ein Wesen der 5ten Art – nein
Gibt es zur Zeit in der Dordogne 15 Naturgeistwesen der 5ten Art – ja
Sechs von Euch befinden sich zur Zeit auf dem Gut Eyssal (siehe Photo S. 199) - ja
(ich führe hier nicht alle Teilfragen auf, die mir erlaubt haben die genaue Anzahl Wesen zu finden. Ich komme weiter unten darauf zurück, wenn ich eine Jahreszahl herausfinden will.)

Dein Daseinsgrund
Bleibst Du längere Zeit hinter unserem Haus? – Ja
Bist Du hier unserer Zusammenarbeit mit den Naturgeistwesen wegen – ja
Umfasst Deine Tätigkeit hier mehr als nur beobachten – ja

Bringst Du auch Impulse für unsere Arbeit – nein
Sind es nur die Wesen der Engelshierarchie, die Impulse
bringen können – ja
Besteht Deine Aufgabe darin die Kommunikation zwischen
Menschen und Naturgeistwesen zu erleichtern – nein
Willst Du damit sagen „überhaupt nicht" – nein
Oder meinst Du damit „nicht genau" – ja, so ist es
Besteht Deine Aufgabe darin den Naturgeistwesen zu erklären
was wir tun in Sachen Kooperation – ja
Ist dies Deine Hauptaufgabe – ja
Brauchst Du die Naturgeistwesen zu unserer Kooperation zu
motivieren – nein
Liegt der Grund darin, dass sie von Natur aus motiviert sind mit
uns zusammen zu arbeiten – ja
Musst Du ihnen unsere Vorgehensart erklären – ja
Beruht die darauf, dass Du diese Kooperationsprozesse
verstehst – ja
Musstest Du eine Art Ausbildung absolvieren um hier Deine
Rolle auszuüben – nein
Sagst Du damit, dass dies eh in Deiner Natur als Geistwesen
der 5ten Art liegt – ja

Wann bist Du erschienen?
Bist Du, als Wesen der 5ten Art, eine relativ neueres Wesen – ja
Wurdest Du vor dem Jahr 2000 geschaffen – ja
…vor 1990 – nein
…nach 1990 – ja (dies ist eine doppelte Überprüfung)
…vor 1995 – ja
…vor 1994 – ja
…vor 1993 – nein
Du wurdest als Wesen demnach 1993 geschaffen – ja
Wurden alle Wesen der 5ten Art im selben Jahr geschaffen -
nein

Wurden welche vor dem Jahr 1993 geschaffen – nein

Dein Daseinsgrund - 2. Teil
Ist Dein Dasein hier darin begründet die Naturgeistwesen zu beruhigen – nein
Ist es Deine Aufgabe ihnen zu erklären was wir hier tun - ja
Habe ich eine wesentliche Aufgabe Deiner Arbeit vergessen - ja
Bis Du hier auch um weiter zu lernen, wie diese neue Kooperationsart funktioniert - ja
Ist der Hauptgrund Deiner Gegenwart hier im Centre du Vallon unsere Arbeit mit den Naturgeistern unter Mitwirkung des Kristalls - ja (wir sprechen hier von der Heilarbeit mit den Devas, Landschaftsengeln und den sehr grossen Elementarwesen)
Ist es der Dagda, der diese Art Arbeit entdeckt hat - nein
Sind es C, die ursprünglich diese Art Arbeit ‚erfunden' haben - ja
Bist Du es wirklich, Naturgeistwesen der 5. Art der die letzten beiden Fragen beantwortet hat - ja
Haben wir nun Deine Arbeit ausreichend beschrieben - nein

Ist es ein Teil Deiner Arbeit Informationen an grössere Wesen der 5. Art weiterzuleiten - nein
Liegt der Grund darin, dass diese ohnehin sogleich wissen was du weißt - ja
Bist du Mitglied einer Arbeitsgruppe mit anderen Wesen der 5. Art – ja
Ist dies eine Arbeitsgruppe, die diese neue Art der Kooperation studiert - ja
Haben wir Deine Arbeitsbereich genügend beschrieben - nein
Hast Du eine Lehrerfunktion gegenüber anderen Naturgeistwesen – nein

Besteht Deine Arbeit auch darin diesen Kooperationsprozess
vor intrusiven Wesen zu schützen – ja
Möchtest Du uns mehr über diese Wesen sagen - nein
Haben wir nun das Wesentliche Deiner Arbeit erfasst - ja

Kommst Du geographisch gesprochen von einem bestimmten
Ort – nein
Sind es andere Wesen, die Euch erschaffen haben - ja
Sind es Wesen der Engelshierarchie, die Euch erschaffen
haben - ja
Sind es Wesen oberhalb der Ebene Nr. 10 – ja
…von jenseits der Ebene 15 – nein / gehören sie zur Ebene 11 –
nein / zur Ebene 12 – nein / zur Ebene Nr. 13 – ja
In dieser Ebene Nr. 13 finden wir Wesen die man 'Kyriotetes'
nennt – ja
Unter den verschiedenen Arten von Kyriotetes handelt es sich
um diejenigen, die den Auftrag haben die Essenz der
Unterweisungen Christi zu verbreiten – ja
Ist dies der Grund warum wir Euch auch Christus-Naturgeister
nennen – ja
Diese Bezeichnung bezieht sich auf eine Qualität und nicht
auf Mitglieder einer bestimmten Religion – ja
Gibt es Wesen der 5. Art wie Dich überall auf der Welt – ja
Dies hat somit nichts damit zu tun ob man Christ ist oder nicht -
nein

Werden neue Wesen der 5. Art jeweils dann erschaffen, wenn
ein neues geographisches Gebiet dazu bereit ist – ja
Besteht Deine Arbeit im wesentlichen darin Liebe, Mitgefühl,
gegenseitigen Respekt und Kooperation zwischen
Naturgeistwesen und uns Menschen zu bringen - ja
Ist dies das Wesentliche an Deiner Arbeit - ja

Können wir uns jetzt der Frage zuwenden **warum diese
Kooperation für unsere Zeit so wichtig ist** - ja

Liegt der Grund darin, dass wir Menschen lernen müssen
verantwortungsvoller und bewusster zu werden was unsere
Beziehung zur Natur anbetrifft - ja
Damit wir die Natur vermehrt lieben, respektieren und
verstehen Lernen und alle die Prozesse, die in der Natur vor
sich gehen – ja
Damit wir u.a. vermeiden die Natur weiter zu schädigen - ja
Damit wir auch lernen, wie wir die Natur heilen können - ja
Damit wir aktiver werden, was die Wiederherstellung und das
Aufrechterhalten einer harmonischen Koexistenz anbelangt -
ja
Dies bedingt, dass die Menschen lernen die Kräfte der Liebe in
der Natur (Devas) um Hilfe zu bitten, damit diese voll und ganz
in den Wachstums- und Heilungsprozessen mitwirken – ja
Damit wir lernen wie unsere Gedanken und Gefühle diese
wohlmeinenden Kräfte einladen können an diesen Prozessen
mitzuwirken – ja
All dies trägt dazu bei, dass wir das Potential unserer
Gedanken besser verstehen lernen - ja
Dies wird dazu beitragen, dass wir bessere Ernten erhalten und
gleichzeitig weniger chemische Produkte verwenden - ja
Können wir ganz ohne chemische Produkte in unserer
Zusammenarbeit mit der Natur auskommen - ja
Damit diese Kooperation ein voller Erfolg wird und sich
verbreitet wird es wohl noch einige Zeit dauern - ja
Wir benötigen Zeit, um lernen und unsere eigenen
Erfahrungen sammeln können - ja
Können wir ohne diese Kooperation auskommen - nein
Weil dies noch mehr Zerstörung in der Natur mit sich bringen
würde - ja
…weitere Verschlechterung der Bodenqualität – ja
…noch mehr Gifte in unserer Nahrung - ja
…noch mehr Krankheiten - ja

In der Dordogne haben wir relativ wenige Wesen der 5. Art - ja
Liegt es daran, dass der Lernprozess so langsam ist - ja
Kannst Du Dich auch ausserhalb deines Quadratkilometers
bewegen - ja
Kannst du gleichzeitig an mehreren Orten sein - nein
Gibt es eigentlich auch etliche Menschen, die eine
Kooperation mit Naturgeistwesen eingegangen sind ohne es
bewusst wahrzunehmen - ja
Wird dies dadurch ermöglicht, dass sie mit ihrem Herzen dabei
sind - ja
Dennoch scheint es wichtig zu sein, dass mehr Menschen
Euch kennen lernen und eine Zusammenarbeit mit Euch
suchen - ja
Ist die Erklärung die, dass viel mehr Menschen eine bewusste
Kooperation in die Tat umsetzen müssen - ja
Wird ein dahingehender menschlicher Wille indirekt mehr
Wesen der 5. Art ins Leben rufen - ja
Gleichzeitig ist es wesentlich, dass diese Kooperation ganz auf
dem freien Willen aufbaut - ja
Ist eine vermehrte Kooperation dringend - ja
Ist dies eigentliche ein Wettlauf gegen die Verschlechterung
der Natur, der Böden, der Nahrung und der Lebensqualität - ja
Unsere ganzen Wissenschaften der Biologie müssen
neuorientiert werden und auf dieser Kooperation und diesem
neuen Wissen aufbauen - ja
Dieser Vorgang wird uns erlauben Zugang zu erhalten zu dem
riesigen Wissens- und Erfahrungspotential das Naturgeistwesen
besitzen - ja
Interviews wie dieses hier lassen unseren Kontakt irgendwie
begreiflicher werden - ja
Dabei ist es auch wichtig mittels vergleichender Photos zu
zeigen, was mit Pflanzen geschieht, die unter dieser

Kooperation wachsen und anderen. (siehe Seite 198), so wie es in Eyssal gemacht wird.
Möchtest Du noch etwas beifügen - ja
Bist Du damit einverstanden, dass ich dieses Interview veröffentliche – ja
Möchtest Du noch etwas beifügen - nein
Ich bedanke mich für dieses Interview und hoffe, das Vergnügen war gegenseitig – absolut

****

Über die Nützlichkeit sich mit unsichtbaren Wesen zu beschäftigen kann man geteilter Meinung sein. Wir konnten ja bis jetzt sehr wohl ohne sie auskommen! Doch konnten wir das wirklich? Oder ist es nicht vielmehr so, dass, wie in einer Stadt, unzählige Menschen an der Zu- und Abfuhr von Energie, Wasser, Abfällen, etc. mit dem Unterhalt und vielerlei Diensten beschäftigt sind, und wir sie kaum grüssen, uns nie bedanken, sie nicht einmal wahrnehmen? Respekt und Dankbarkeit ist das eine, sie sind aber auch Träger von Wissen, Hoffnung und Innovationspotential. Von einem Miteinander hätten alle Beteiligten Vorteile.

3. **Wer ist C ?**

C ist ein Kollegium von Geistwesen, das ursprünglich in Rocamadour verankert war. Es ist eine Art ‚Think Tank' mit sehr weit gefassten Aufgaben. Dies ist das 4. Buch, das ich zusammen mit ihnen schreibe.

Das Kollegium umfasst in seinem inneren Kern

12 permanente Mitglieder

Davon waren 9 bereits einmal auf der Erde inkarniert, 7 als Christen: Papst Leon IX (11. Jhdt.), 4 Heilige: St. Amadour (1. Jhdt.), St. Alain de Lavaur (7. Jhdt), 2 weibliche – Christiane de la Sainte Croix IT (14. Jhdt.), St. Hildegard von Bingen (12. Jhdt.). ein buddhistisch tibetanischer Rinpoche (Lama Gendune). Er war zu Lebzeiten in der Dordogne tätig. 1 Wissenschaftlerin (Marie Curie); 3 waren nie auf Erden inkarniert: die Deva Königin vom Süd-Westen Frankreichs, 2 ET (ein Lehrer von Pegasus, eine Lehrerin von Arcturus)

C begann im Jahr 1026 auf Initiative der Devakönigin zu wirken. Bis etwa um das Jahr 2000 war seine Hauptaufgabe die Seelen Verstorbener zu unterrichten, die im Jenseits den ihnen von ihrem Erdenleben her bekannten Pilgerort Rocamadour aufsuchen wollten. Etwa seit 2006 begann C seine Aktivitäten viel weiter zu fassen. Dies führte zur neuen Organisation als Think Tank, als eigentliche Ideenuniversität und Wissensgremium. C ist an keine Religion gebunden.

C zählt 56 nicht permanente Mitglieder

Ignatius von Loyola, Amon, Christus, Elementargeister, etc. 14 weibliche, 42 männliche, wovon 8 ET's von der Konföderation. Viele Mitglieder des erweiterten Kreises sind Wissenschaftler, einige sind Engelwesen der Sphäre 12 Archai Engel = ‚Fürstentümer' sowie der Engel der französischen Nation.

4. Zur Methodologie

Welches sind meine Wahrnehmungsmethoden

Welche Art Resultate produzieren sie. Einige Kriterien:

Fördern die Beobachtungen den Kontakt zum Spirituellen (z.B. spirituelles Verständnis)

Kohärenz - sie widersprechen sich nicht

Beständigkeit - sie bleiben über einen Zeitraum hinweg gleichwertig

Vernünftig - widersprechen nicht unserem logischen Verständnis

Progressiv - bringen uns einen Schritt weiter; wir drehen uns nicht im Kreise

Innovativ - bringen neue Einsichten

Erhebend - im Gegensatz zu angsterzeugend

Nützlichkeit - gesellschaftlich oder individuell; Die Anhäufung von kuriosen Informationen allein, genügt mir nicht.

Unabhängigkeit - Inwiefern sind sie durch Gruppencodes und Gruppenanerkennung beeinflusst oder gar hervorgerufen

Verifizierbarkeit der Quelle (ist z.B. die Quelle offen und bereit Auskunft zu geben)

Verifizierbarkeit durch andere höhere Wahrnehmungen wie
  Hellsehen, Hellhörigkeit, Psychometrie (Energiewahr-
nehmung ohne Werkzeuge), spirituelles
Unterscheidungsvermögen (intuitives Gefühl der Richtigkeit).

Zudem müssen wir mit unserem gesunden Menschenverstand vergewissern, dass unsere Informationsquelle, also die Geistwesen nicht aus Macht- und Geldgier heraus handeln.

5. Liste heiliger Orte und Kirchen

*) mit Energie der Schwarzen Madonna / Boviseinheiten in 1000

Ort	Bovis Einheiten min/max	Art	Kreise Throne 4	Kreise Throne 3	dru	Kreuzung 10	Kreuzung 8	Kreuzung 7	Kreuzung 6	Kreuzung 3	Ausser Gebrauch seit etwa	Grad
Aix la Chapelle	40'	cathédrale				+		X				
Alaise*	50'	site	O		3	+		X			52 av. JC	
Allas (24)	24'	église							6			+20°
Allas-les-Mines	22'	église								3		- 18°
Angoulême	33'	cathédrale										- 21°
Amiens	28'	cathédrale				+	X					
Ardmore IRL	25'	cathédrale				+	X					
Assisi Francis	60'	basilique								3		
Assisi Sta Chiara	28'	basilique		O		+		X				
Assisi	29'	cathédrale	O			+		X				
Atlantide Cité	60'	Site océan Atlant.					X				21'000 BC	
Auschwitz PL	6,8'	Camp Nazi	O			+	X					
Mt. Athos GR	45'	Montagne	O			+	X					
Bajoulière La	60'	Dolmen		O		+	X		6		1450 !	
Bamberg Allm.	28'	cathédrale	O				X					
Barcelona ESP	45'	basilique				+	X					
Bars (24)	60'	église								3		- 20°
Bayeux	22'	cathédrale						X				
Beaune	30'	cathédrale		O				X				
Beauvais	22'	cathédrale										
Belogradtchik	29'	monastère				+						
Berboules*, Sergeac	267'	site	O		3	+		X	6			
Berchtesgaden	81'	Maison Nazi				+						
Bézenac*	26'	église					X					
Bolec Serbia	14'					+	X		6			
Brodgar Orkneys	60'	Stone circle					X					
Bucarest Bulg.	22'	Parlement		O		+		X				
Bugarach	30'	Montagne				+			6			
Bugue, Le	26'	église								3		- 15°
Cashel IRL	18'	église en ruine								3		- 4°
Cadbury	53'	Castle oppidum	O			+			6			
Caen	30'	cathédrale										
Cales (24)	26'	église							6			+ 20°
Calonicio I	42'	chapelle				+			6			
Cambrai	35'	cathédrale							6			
Caneda, La	20'	église templier							6			+ 15°
Carlux	30'	église										- 17°
Carnac	120'	Site pt. jaune										
Carnac	24'	Chapelle St. Michel			3				6			
Carsac Aillac	16'	église site druid.			2	+			6		140 AD	
Caro	40'	église Brocéliande			3	+			6			+14°
Ort	BE	Art	4	3	dr	10	8	7	6	3		Grad

Daniel Perret – ERD-HEILEN

Ort	BE	Art	4	3	dr	10	8	7	6	3		Grad
Cavaillon	22'	cathédrale								3		- 10°
Cazenac Beynac	22' /72'	église site druid.			3	+	X		6		175 AD	- 16°
Cenac St. Julien	24'	Prieuré site druid.			2	+			6		133 AD	
Chartres*	55' /850'	cathédrale	O			+		X				
Cheylard*	50' /170'	Montagne		O	3	+	X		6			
Clairvaux	22'	abbaye				+						
Clonfert IRL	20'	cathédrale				+	X		6			
Clonmacnoise	28'	abbaye IRL				+					1552	
Cluny	55'	abbaye				+	X					- 18°
Cologne D	45'	cathédrale				+	X					
Corboulo	46'	Chap. St. André								3		- 2°
Côte de Jor St. Léon s/Vézère	26' /300'	Site bouddhiste la bibliothèque	O			+						
Cruas	24'	abbatiale								3		- 10°
Crucuno	20'	Chapelle St. Antoine				+			6			+33°
Crucuno	72'	quadrilatère								3		
Czestochowa*	30'	Vierge Noire	O					X				
Daubèze Lot et G.	28'	Ancien site		O				X			3'200 ans	
Dresde	28'	Frauenkirche	O									- 13°
Einsiedeln*	24'	monastère		O					6			
Eleusis GR	113'	école	O		3						2'530 ans	
Evreux	24'	cathédrale					X					
Fatima P	20'	sanctuaire	O									
Faouët, Le	33'	Chap. St. Fiacre								3		
Foggia I	40'	Site Padre Pio										
Fontevraud	22'	abbaye		O								
Fribourg CH	28'	cathédrale	O				X					
Geroskipu GR	14'	Church of Christ								3		- 20°
Gloucester GB	30'	Cathédrale				+						
Goldswil Interlaken	50'	Kirchenruine			O				6			
Guilvinec, Le	72'	Chap. St Trémeur				+			6	3		
Heuneburg D	35'	Site celte				+			6			
Holyhead Island GB	60'	Ancien site	O			+	X		6	3	13'300 ago	- 13°
Hovedgård* DK	42'/550''	Site	O		3		X					
Hovedgård DK	253'/+++	Ignatio H C										
Jerpoint abbey IRL	18'	abbeye					X		6			
Mt. Kéa Hawaï	40'	Montagne	O									
Kernascleden	73'	Eglise N.D.								3		
Kermaria	43'	chapelle				+		X		3		- 15°
Krindenhubel CH	28'	Montagne		O			X				100 av. JC	
Landunvez	64'	Chap. St. Samson				+				3		
Landunvez	32'	Chap. ND Bon Secours							6			+ 20°
Lannion	63'	Chap. Kerfons								3		- 11°
Laon, Rouen	12'	cathédrales										
Lassois St. Marcel	19'	Montagne		O								

Ort	BE	Art	4	3	dr	10	8	7	6	3		Grad
Lavau Troie	165'	Site celte				+			6			
Ledanca E	20'	abbaye		O								
Lenzburg	88'	castle		O	3	+			6			
Lhassa Tibet	26' (60')	Potala palais				+	X					
Limeuil	25'	St. Martin site dr			2	+			6		125 AD	
Lourdes	28'	basilique	O					X				
Low Mountain	26'	Mont Navajo	O									
Luxor EGYPTE	2' !!	école			3						3'030 ans	
Magdebourg	24'	cathédrale					X			3		- 10°
Maiden castle	13' !!	Oppidum celte				+			6			
Marcilhac s/Célé	28'	Oppidum celte				+			6			
Marcillac St. Q	12'-16'	église (A déch)				+				3		
Maulbronn	30'	abbeye				+			6			
Menez Bre Mt.	51'	Chap. St. Hervé	O		3	+			6			+15°
Meyrals	24'	église site druid.			2	+			6		25 AD	
Moissac	28'	abbaye				+			6			
Montpellier	40'	cathédrale				+			6			
Montserrat	30'	basilique	O			+	X					
Montserrat*	50'	Chapelle V.Noire	O			+	X					
Moulins	24'	cathédrale				+			6			
Moustier (24)	26'	église					X					
Nantes	24'	cathédrale				+			6			+14°
Neuschwanstein	24'	château				+		1				
Newgrange IRL	30'	site	O			+	X	X	6		Env. an 69	
Mt. Olympe GR	33'	Montagne	-			+	X					
Mt. Olympe CY	29'	Montagne	O			+						
Orvieto	10'	église								3		- 10°
Paris Sacré Cœur	28'	basilique				+	X					
Paris Notre Dame	22'	cathédrale				+						
Peyrillac-et-Millac	24'	église								3		- 13°
Pleumeur-Bodou	51'	chapelle							6			
Pleyber-Christ	63'	église				+			6	3		- 12°
Pont-Aven	31'	Chap. Trémalo							6			
Ploumanac'h	43'	Chap. 'Clarté'				+		X		3		- 8°
Port Blanc	63'	chapelle				+			6	3		- 17°
Puy de Dôme	37'	Montagne		O			X				Env. an 160	- 15°
Puy Sancy	40'	Montagne		O				X			Env. an 360	- 13°
Quimper	20'	cathédrale								3		- 10° !
Redon Espic*	42'	église						X				
Reichenau	35'	abbeye		O		+				3		
Reims	26'	cathédrale						X				
Rennes-le-Châ.	53'	Mont à l'ouest				+			6			
Rocamadour	29'	basilique					X					
Rocamadour*	40'	Chapelle V.N.		O		+	X					
Ort	**BE**	**Art**	4	3	dr	10	8	7	6	3		**Grad**

Daniel Perret – ERD-HEILEN

Ort	BE	Art	4	3	dr	10	8	7	6	3		Grad
Rome St.Clément	22'	église				+			6			
Rome StJB du Latran	28'	basilique							6			
Rome Cavalieri	7'	Not used today	O									
Rosenburg	62'	Elisabethen chap.				+			6			
Rosenburg	60'	Schloss				+			6			
Salles de Belvès	22'	église							6			
Saint-Gonéry	43' /800'	chapelle			3	+			6	3		
Sarlat	24'/9'	cathédrale							6			
Savennières*	20'	Site druidique				+		X				
St. Léon S/Véz.	22' /180'	église site druid.				+			6			
St. Gall CH	50' /320'	Monastère		O		+	X		6			
St. Julien de Cenac	20'	église site druid.				+			6			
St. Péran	42'	Eglise Brocéliande			3	+			6			
St. Vincent d/ Cosse	45'	église site druid.			3	+			6			
Senlis	22'	cathédrale						X				
Sergeac*	267'	Eïwa, Berboules	O		3	+		X	6		290 AD	
Sergeac	16'	église						7				
Skofja Loka SVe	22'	église	O		3			X			416 AD	
Mt. Shasta	92'	Montagne				+	X					
Mt. Sinaï	60'	Montagne	O									
Mt. St. Michel	26'	Mont		O		+				3		
St. Catarina*	60'	Monastère Sinaï				+						
Stonehenge	50'	site	O			+				3		
Strasbourg	20'	cathédrale						X				
Tamniès	24'	Eglise 12ème								3		- 15°
Terrasson Lavilledieu	36'	Champ site							6			
Tremolat	30'	église								3		- 11°
Triquet Dall Island	56'	Site CND	O			+		X			12'000 BC	
Tuileries, Paris	29'	Grand Bassin				+		X				
Tursac	45'	église						X				
Tursac Madeleine	60' /165'	site									En l'an 35	
Vézac*	16'	église								3		- 11°
Vézelay*	40'	abbaye	O		3		X					
Vienne Autr.	28'	cathédrale				+						
Villiers Belgique	40'	abbaye		O				X			1796	
Vitrac	24'	église site druid.				+			6			
Wahlern*	35'	église Pfarrkirche			3							
Walhalla Allm.	28'	Hall of fame	O					X				
Westminster	50'	cathédrale								3		
Wittenham clumps	37'	Oppidum celte				+			6			
North of Telhado PG	30'	Not used today	O									
Viesatas Lettonia	25'	Not used today	O									

Aktuelle Zahl / Potential des Ortes

6. **Schlusswort des Dagdas**

So vieles steckt in der Kunst des Fragenstellens. Das beginnt damit, dass uns überhaupt eine bestimmte Frage in den Sinn kommt. Nachdem ich durch all die Phasen der Erd-Heilungs-arbeit mit dem Kristall gegangen war, wollte ich wissen, was mit den Devas, Landschaftsengeln und all den anderen Wesen und ihren Kommunikationslinien zum Kristall z.Z. war. Ich fragte den Dagda, ob er mir zeigen könne, welche heute auf den Kristall zuliefen, ohne, dass ich sie notwendigerweise sehe. Plötzlich war eine Vielfalt von Linien spürbar. Der Dagda meinte, er bleibe und werde weiterhin die Fernheilungsarbeit mit dem Kristall begleiten. Der Dagda tauchte ganz am Anfang meiner Erd-Heilungsarbeit auf und nun wieder. Der Kreis schliesst sich. Die Linien sind unsichtbar immer vorhanden.

Doch sobald das Energie-feld einmal aufgebaut ist, treten sie in den Hinter-grund, bis schliesslich nur die Linie der globalen Erdheilung sichtbar bleibt. Hier das Foto der Liniensituation 30.6.2018:

1. Parzellen-Deva
2. Landschafts-Engel
3. sehr grosses Wasser-Elementarwesen
4. Globale Erdheilung
5. Kristall
6. Die globale Verbindung, z.Z. dieser Aufnahme waren es sehr grosse Erd-Elementarwesen

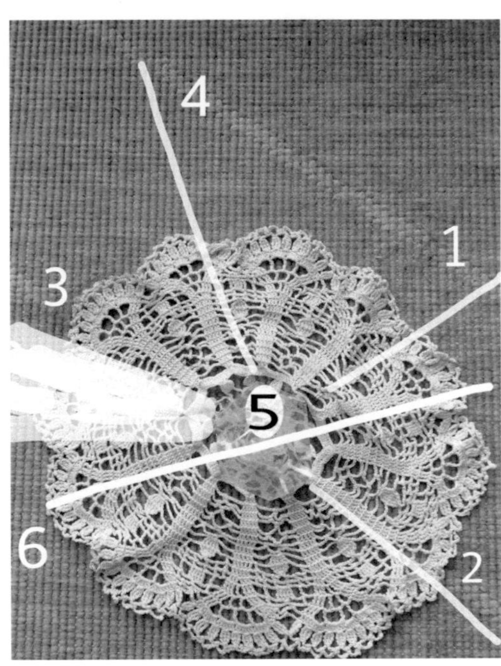

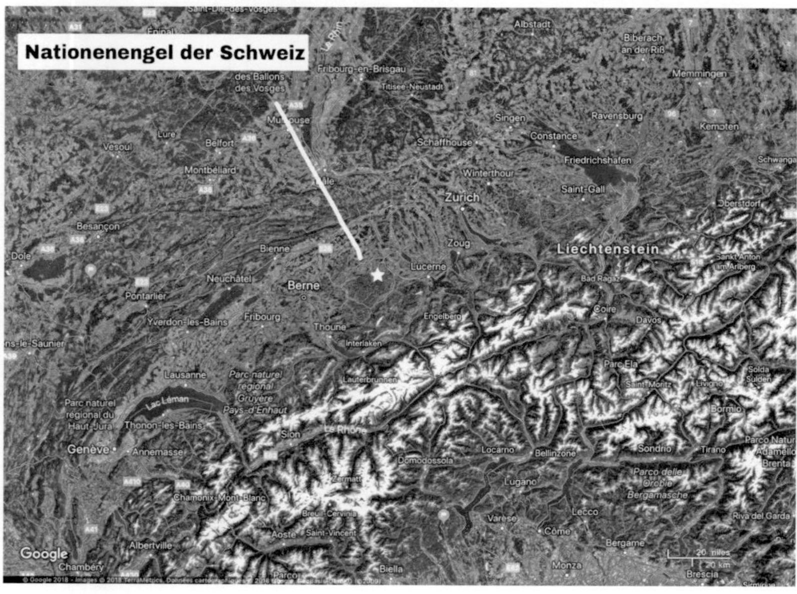

Daniel Perret – ERD-HEILEN

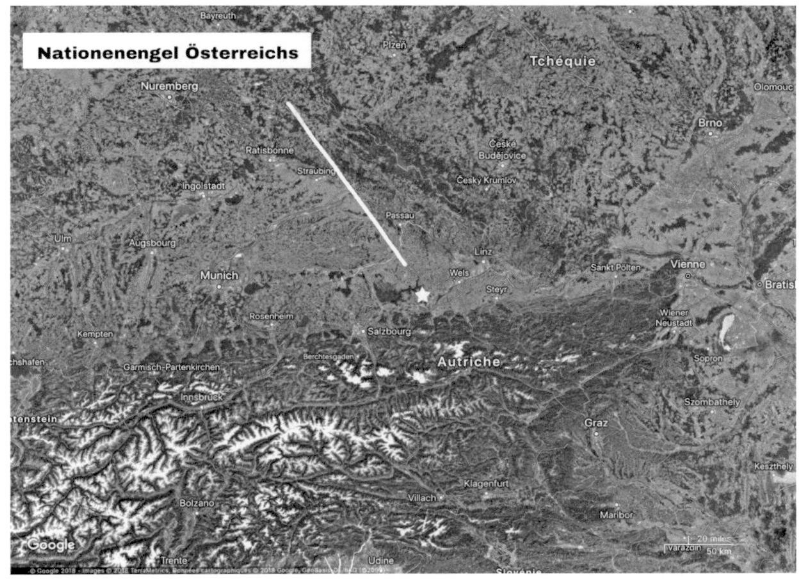

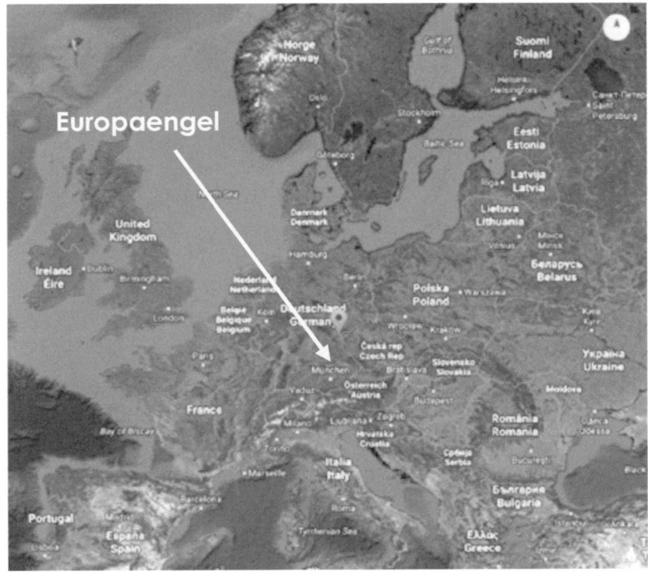

Daniel Perret – ERD-HEILEN

8. **Die 4 Ätherschichten**

Ihre Funktion

Chemischer Äther   erschafft und nährt die Zellen.
Der chemische Äther hat einen starken Bezug zum
Stoffwechsel und damit zur Ausscheidung nicht mehr
brauchbarer Energie und Materie. Er ist deshalb hauptsächlich
im Unterkörper zu finden, wegen dessen Bedeutung in der
Ausscheidung der Überreste der Verdauung, der
Menstruation, etc.

Lichtäther   enthält die Energie des Heiligen Geistes
der Liebe, der Wahrheit und des Lichtes, die das Leben
erschafft und uns die Vitalität gibt. Der Lichtäther hat eine
wichtige Funktion, indem er uns erlaubt zu fühlen, was uns
‚unter die Haut geht'. Er ist auch der lichterfüllte Bauplan,
entlang dessen Strukturen sich die Materie mit Hilfe des
chemischen Äthers formt.

Lebensäther	enthält das Gedächtnis der Sinnesein-drücke. Unsere Sinne sind weitgehend ätherische Sinne.
- innerer	unsere gewohnten fünf Sinne
- äusserer	Gedächtnis, Wissen, persönliche Weisheit des Menschen
Wärmeäther	auch Reflektoräther genannt
- innerer	Gedächtnis, Wissen, Weisheit der Erde
- mittlerer	zwischenmenschliche Gefühle, Harmonie und Gleichgewicht mit dem Ganzen, innerer Frieden
- äusserer	Kontakt zum Universum, dem Göttliche, der Inspiration, Intuition

Die Lokalisierung der 4 Ätherschichten

	In der Erde	in Pflanzen	in Tieren	beim Menschen
Chemischer Äther	>1m oberhalb	im Innern	im Innern	im Körperinnern
Lichtäther	im Innern + >14 cm darüber	im Innern + Blaupause der Blätter, etc.	im Innern	im Körperinnern
Lebensäther	von 18 cm unter der Oberfläche = Humus > 175m oberhalb	> ca. 15 cm	> 15 cm	> ca. 15 cm
		über dem physischen Körper		
Wärmeäther				
linnerer	175m – 200m	15-35 cm	15-35 cm	15-35 cm
mittlerer	200m – 300m	35-53 cm	35-53 cm	35-53 cm
äusserer	300m – 1000m	53-68 cm	53-68 cm	53-68 cm

> = heisst 'bis zu'

Alles ist spirituell, alles besitzt einen Geist,
Alles wurde durch den Schöpfer erschaffen, dem einen und einzigen Schöpfer.

Floyd Red Crow Westerman, <hopi Indianer

9. **Konzeptualisierungs- bzw Abstraktionsebenen**

1.	physische	die materielle Manifestation von Bauten, Kirchen, Bäumen, Hügel, etc. und deren Handhabung
2.	ätherische	die Denkweise von Devas von Bäumen, Pflanzengruppen und Parzellen, von Elementarwesen und Kirchenengel Energiegitter Nr. 1 und 2 (Hartmann, Curry) sowie Nr. 3 Energiegitter (Neolithikum)*, Tierkreis oder Lebensrad eines Hauses
3.	geistige 1	**unser Alphabet**, Mathematik kann auf den Niveaus 3-6 erscheinen, je nach ihrer Abstraktionsebene. die Denkweise von Landschaftsengeln* Tierkreis von Städten und Dörfer; einige der Landschaftstempel/-Haine; Melodische, 3/4-Akkorde Musik
4.	geistige 2	**ägyptische Hieroglyphen, Piktogramme**, chinesische Ideogramme, Quantenphysik die Denkweise von Regional- und Nationenengeln, Landschaftstempel mit 'Chakra'-Achsen; Tierkreis von Nationen und Kontinenten; Heptagramm einer Stadt/Landschaft; Mehrschichtige Musikkompositionen
5.	geistige 3	**Ursymbole der Energie**: + —— • O △ Denkweise von Kontinentalengeln u. Engels der Welt Energiegitter Nr. 6, 7, 8*; freie Musikimprovisationen Heptagramm eines Landes oder Kontinentes
6.	geistige 4	Engelwesen der Sphären 11-15* u.a. Kyriotetes; das universelle Kooperations-Heptagramm; freischwebende, empfundene Tonklänge
7.	göttliche	Engelwesen der Sphären 16-21*, Seraphine, Cherubine, Throne, Energiegitter 10 und 12*

10. **Literaturliste**

1) Flensburgerhefte.de Serie der Naturgeistwesen
2) Marko Pogacnik: ‚Elementarwesen', AT Verlag 2007
3) Marko Pogacnik: ‚Das geheime Leben der Erde', AT Verlag, 2008
4) D. Perret: ‚Die Wissenschaft des spirituellen Heilens', BoD
5) D. Perret: ‚A wider Self / La Grande Etendue de l'Être', BoD
6) D. Perret: ‚Faith is the Bridge / Un Pont vers le Ciel', BoD
7) D. Perret: ‚L'Accès aux Mondes invisibles', BoD Verlag
8) The Return of the Black Madonna: A Sign of Our Time, Matthew Fox 2006
9) D. Perret: ‚Creating Divine Art'/'Créer de l'Art Divin', BoD
10) Max Grütter : Titel ‚Tausendjährige Kirchen am Thuner- und Brienzersee', Verlag Paul Haupt, Bern. 1956
11) Michael Newton: ‚Die Reisen der Seele', Astroterre, 1996
12) Xavier Guichard ‚Eleusis-Alésia - *Enquête sur les origines de la civilisation européenne*', 1936
13) Jane Roberts : 'Individuum und Massenschicksal', Goldmann, 1991
14) Joel Goldsmith : 'Die Kunst der geistigen Heilung'
15) Ignatius Healing Center, Dänemark, Eva Høffding
16) John Bauer : 'Swedish Fairy Tales'
17) D. Perret : 'Die Evolution einer Seele', BoD Verlag 2018
18) Claude et Lydia Bourguignon : Le sol, la terre et les champs, 2015, Editions Sang de la Terre

Bildernachweis:
Alle Luftaufnahmen: Google Maps
Alle Illustrationen auf den Luftaufnahmen: D. Perret
Alle Illustrationen: D. Perret
Fotos, wo nichts anderes erwähnt: D. Perret

Das unermessliche Leiden in unserer Welt
findet in der Liebe der Mutter Erde ihr Ebenbürtiges.

www.vallonperret.com

danielperret.bandcamp.com